先进制造理论研究与工程技术系列

JINSHU QIEXUE DAOJU KECHENG SHEJI ZHIDAOSHU

金属切削刀具课程设计指导书

（第2版）

王娜君　高胜东　主编

U0223490

哈尔滨工业大学出版社

内 容 提 要

本书主要包括五部分内容:第一章刀具设计内容及相关要求;第二章可转位车刀设计(可转位车刀设计过程及例题);第三章成形车刀设计(成形车刀设计过程及例题);第四章拉刀设计(拉刀设计过程及例题);附录为设计题选。

图书在版编目(CIP)数据

金属切削刀具课程设计指导书/王娜君主编. —2 版. —哈尔滨:哈尔滨工业大学出版社,2016.1(2022.1 重印)
ISBN 978 - 7 - 5603 - 5634 - 1

Ⅰ.①金… Ⅱ.①王… Ⅲ.刀具(金属切削)-课程设计-高等学校-教学参考资料 Ⅳ.TG71-41

中国版本图书馆 CIP 数据核字(2015)第 302376 号

责任编辑　王桂芝　黄菊英
封面设计　卞秉利
出版发行　哈尔滨工业大学出版社
社　　址　哈尔滨市南岗区复华四道街 10 号　邮编150006
传　　真　0451-86414749
网　　址　http://hitpress.hit.edu.cn
印　　刷　哈尔滨久利印刷有限公司
开　　本　787 mm×1 092 mm　1/16　印张 7.75　字数 183 千字
版　　次　2016 年 1 月第 2 版　2022 年 1 月第 4 次印刷
书　　号　ISBN 978-7-5603-5634-1
定　　价　20.00 元

第 2 版前言

为了培养适应现代制造业人才的需求,各高等工科院校更加突出对学生的工程实践能力、工程设计能力与工程创新能力的培养。金属切削刀具是机械加工系统的重要组成部分,金属切削刀具设计能力的培养是机械专业能力培养内容之一,金属切削刀具课程设计是其中的重要实践性教学环节,而《金属切削刀具课程设计指导书》是在校学生刀具课程设计过程的指导书,也可作为机械技术人员自学和刀具设计的参考书。

此次修订主要做了以下工作:

(1)依据国家有关最新标准,对一些名词、术语、符号、量纲等进行了统一和修正。

(2)对第 1 版的文字错误和插图错误进行了修改。

(3)为适应先进制造技术的要求,在对全书基本内容进行全面深化修改和增补的基础上,还对部分章节内容进行了调整;结合数控加工刀具设计,在第二章增加了数控机床采用的刀片夹具形式;为了方便学生自学,在第三、四章都增加了刀具基本结构概念。

全书由哈尔滨工业大学机电工程学院的教师编写。第一章、附录由王娜君、韦东波编写;第二章由高胜东、王娜君编写;第三章由王娜君、高胜东、朱瑛编写;第四章由朱瑛、韦东波编写,全书由王娜君统稿。

恳请各位读者对本书不当及不足进行批评指导。

作者
2016 年 1 月

目　录

第一章 金属切削刀具课程设计的目的、内容和要求

1.1 金属切削刀具课程设计的目的

金属切削刀具课程设计是机械设计、制造及自动化专业学生在"金属切削原理"和"金属切削刀具"及其他有关课程基础上进行的实践性教学环节,是素质教育的主要措施之一。其目的是使学生巩固和深化课堂理论教学内容,培养学生综合运用所学理论知识、分析问题、解决工程问题的能力。

通过金属切削刀具课程设计,具体应使学生做到:

(1) 掌握金属切削刀具设计和计算的基本方法。

(2) 学会运用各种设计资料、手册和国家(部或厂)标准。

(3) 学会绘制符合标准要求的刀具工作图,能标注出必要的技术条件。

1.2 金属切削刀具课程设计的内容

根据新的教学计划,进行金属切削刀具课程设计的学生应在两周左右的时间内,在教师指导下,完成可转位车刀、成形车刀、拉刀三种刀具的设计和计算工作,绘制出符合标准要求的刀具工作图和必要的零、部件图以及编写出一份正确、完整的设计说明书。

1.3 金属切削刀具课程设计的要求

1.3.1 对刀具工作图的要求

刀具工作图应包括制造及检验该刀具所需的全部图形、尺寸、公差、粗糙度及技术要求等。

工作图应反映该刀具各部分的形状,同时又应使各视图的配置与安排合理。图中有些细小部分可以放大画出,如切削刃上的分屑槽、刀具上的刃带、小圆角等。

刀具工作图的图形、图线、尺寸、公差、表面粗糙度以及技术条件,应能满足刀具制造、刃磨和检验的全部要求,而且其画法和标注均应符合国家标准;对一些不便标注在视图上的公差和粗糙度等,可用文字说明写于技术条件中。

绘制刀具工作图一般应采用1:1的比例,但对尺寸很大或很小的刀具,可按缩小或放大的比例画出,即应按表1.1选用。

表 1.1　图样比例

与实物相同	1 : 1
缩小的比例	1 : 1.5　1 : 2　1 : 2.5　1 : 3　1 : 4　1 : 5
放大的比例	2 : 1　2.5 : 1　4 : 1　5 : 1

工作图中的图样和技术条件所用的汉字、字母和数字,必须做到字体端正、笔画清楚、排列整齐、间隔均匀;汉字字体应写长仿宋体,不允许使用国家正式公布推行的简化字以外的字;字体字号应适当,其高度应在 14、10、7、5、3.5、2.5 范围中选用(汉字不宜采用2.5)〔单位为 mm〕,字体宽度约等于其高度的 2/3。角度标注全部按正视位置。

刀具工作图中允许采用一些简化画法,如拉刀的正投影可以简化,拉刀的刀齿允许只画少数几个齿,其余刀齿可简化成齿顶,齿顶用粗实线表示,齿槽底用细实线表示,省略的刀齿部分用双点划线表示。

可转位车刀刀具工作图包括装配图和刀杆零件图。装配图上应画出装配后刀具的全部图形,表明零、部件的相互关系、配合尺寸,标出外形尺寸与安装在机床上所需的安装尺寸以及刀具的主要几何参数。标题栏标出零件明细表。装配图与零件图标题栏格式和尺寸执行相应国家标准。

刀具工作图(装配图和零件图)应做到结构正确、图面清晰、整洁。

成形车刀工作图包括:刀体图和工作样板、校验样板;拉刀工作图中要有被加工工件的零件局部图,在图的右上方将每齿的齿升量、直径(高度)和公差列表表示。

1.3.2　对设计说明书的要求

金属切削刀具课程设计说明书应有统一规定的封面及设计任务书,说明书的内容应包括设计该刀具时所考虑的主要问题及设计计算的全部程序。编写说明书时,可参阅指导书中设计计算例题的格式,但不可照搬照抄。具体应根据任务书中给定的原始条件,独立地提出自己的设计方案,以培养学生独立分析和解决实际问题的能力。

设计说明书中的计算必须准确无误,所使用的尺寸、数据和计量单位均应符合国家有关标准。

设计说明书语言要简练,文句要通顺,最后列有参考文献。说明书的每一页都应留有装订线和边框,并编写页码,最后应将说明书竖装成册。

第二章　可转位车刀设计

2.1　可转位车刀的设计特点及设计过程

2.1.1　可转位车刀的设计特点

2.1.1.1　可转位车刀

可转位车刀是把具有合理几何形状与若干条切削刃的成品可转位刀片,用机械夹固的方法,装配在刀体(刀杆)上的车刀。图2.1表示典型的可转位车刀的组成。刀垫2(有些车刀受各种条件限制,不使用刀垫)、刀片3套装在刀杆的夹固元件4上,由夹固元件4将刀片紧固在支承面上。一条切削刃磨损至不能再用时,可迅速转位换成新的切削刃,直至刀片上的若干条切削刃均已用完,刀片从刀杆上取下,更换新刀片,车刀继续工作。

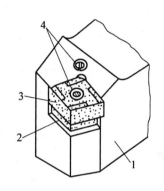

图2.1　可转位车刀的组成
1—刀杆;2—刀垫;3—刀片;4—夹固元件

可转位车刀有如下优点:

(1)刀具寿命高。由于刀片避免了由焊接和刃磨时高温引起的缺陷,刀具几何参数固定,切削性能稳定,因而提高了刀具寿命。

(2)生产率高。由于不需要操作人员磨刀,同时,一条切削刃磨钝后,可迅速更换新的切削刃,因此可以大大减少停机换刀等非机动时间。

(3)刀具成本低。刀杆反复使用,使用寿命长,减少库存量,简化了刀具管理,降低了刀具成本。

(4)有利于推广新技术、新工艺。由于可转位刀片是用机械夹固形成组合在刀杆上,刀片更换方便,有利于推广使用各种涂层、陶瓷等新型刀具材料。

(5)有利于刀具的标准化和系列化。目前,机夹可转位车刀绝大部分已有标准的可转位刀片和相应的刀杆。

可转位车刀目前已广泛应用于切削加工,还广泛用于数控切削加工刀具的结构中,特别在柔性加工工艺中,基本全部采用可转位刀具结构。

2.1.1.2　可转位车刀的设计特点

(1)保证一定的定位精度。可转位刀片在刀杆上定位,多数靠刀片的周边,有时也用刀片上的孔来定位。前者的定位精度较高,也能实现一定的重复精度。夹紧时,施力方向指向定位面。刀片转位或更换新刀片后,刀尖位置的变化最好在工件精度允许的范围内。

(2)夹紧刀片要可靠。夹紧后,保证刀片、刀垫和刀杆的接触面贴合紧密。在切削力的冲击、振动和切削热的作用下不松动。但夹紧力不宜过大,应力要均匀,以免压碎刀片。需松开刀片时,车刀上的其他元件不脱落、失散。

结构设计时,应注意如下两点:

(1)保证装配后,切削刃离开刀杆的定位面一定距离,以防止刀片夹紧时,切削刃受力造成崩刃。一般采用"凸出式"、"空刀式"两种方式,如图2.2所示。

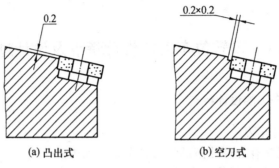

(a)凸出式　　　　　　　(b)空刀式

图2.2　刀片夹紧时防崩刃措施

(2)刀杆上刀片槽的两个定位面间的角度尺寸,要比刀片的实际角度小1°(2.3(a)),以保证刀片、刀垫、刀杆在刀尖附近的接触面贴合紧密。在有孔刀片装夹时,这种措施尤为必要。

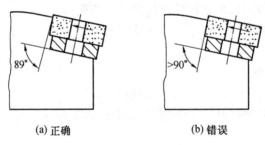

(a)正确　　　　　　　(b)错误

图2.3　刀杆槽角度尺寸

(3)刀杆转位方便。结构设计应保证在刀片需要更换或转位时,能尽快地缩短操作时间。在切削热的作用下,也应保证刀片能顺利松开或转位。

(4)刀片的前面应尽可能无障碍。保证切屑能顺利排走,并有利于操作人员观察切削加工情况。这一点在内表面加工与使用多刀机床加工时,更应引起重视。

(5)夹紧元件应有足够的硬度和强度。满足这一条件,可避免刀具在使用中的变形和损坏。

(6)结构简单、制造方便。在保证可转位刀具高精度、高可靠性、高效率的前提下,尽量简化车刀结构。积极采用"标准化、系列化、通用化"的原则。

2.1.2　可转位车刀的设计过程

可转位车刀是用机械夹固的方法,将可转位刀片夹固在刀杆上的一种机夹车刀。设计这种车刀时,除了应考虑普通车刀的一般性问题外,还要考虑可转位车刀设计的特殊性问题。

根据教师给定的设计题目,应按照如下过程进行可转位车刀设计:

(1) 根据加工余量及加工条件,选定合适的夹固结构;

(2) 根据被加工工件材料及加工条件,选择刀片材料;

(3) 根据工件材料、几何形状及加工表面质量,选择刀具合理几何参数;

(4) 根据加工余量及加工条件,选择切削用量;

(5) 选择刀片及刀垫型号;

(6) 计算刀槽角度及选择刀杆尺寸;

(7) 验算刀具角度及机床负荷;

(8) 绘制工作图;

(9) 编写设计说明书。

2.2　可转位车刀的典型刀片夹固结构及设计

可转位车刀上的刀片在磨钝后需要转位和重新夹固,这就要求刀片夹固结构应该定位精确、调整灵活、夹固可靠、使用方便,而且力求结构简单,制造容易。

2.2.1　可转位车刀典型刀片夹固结构

可转位车刀的典型刀片夹固结构包括:偏心式、杠杆式、上压式、楔销式、拉垫式和杠销式,其结构简图和特点见表2.1。

表 2.1　可转位车刀的典型刀片夹固结构简图和特点

名称	结构简图	特　点
偏心式	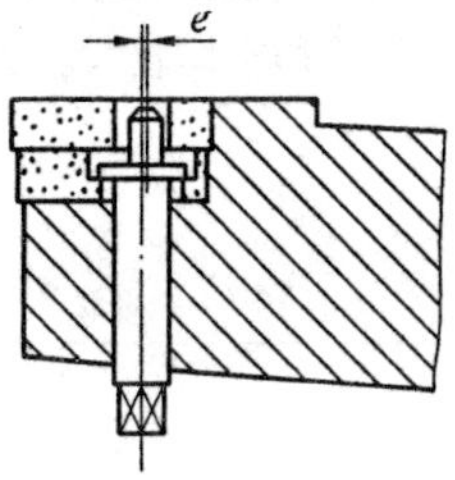	光杆偏心,零件数少,制造简单,刀片装卸方便。刀片夹紧力受偏心量的影响,刀片尺寸误差对夹紧的影响较大。适于轻、中型连续车削的车刀
	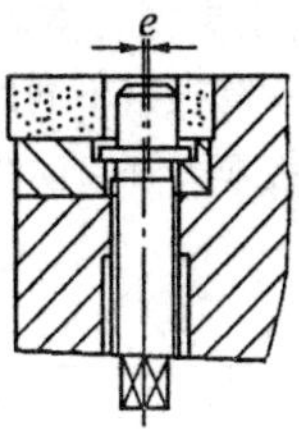	螺纹杆偏心,自锁性能更好,且夹紧时有一个向下的分力使刀片贴紧刀垫

杆杆式		夹紧螺钉为腰鼓形,上下两端都有内六角孔,当刀杆反装时装卸也方便,是可转位车刀中应用最广泛的结构形式
		夹紧螺钉为一平端紧定螺钉,下端增加了调节螺钉与弹簧,杠杆与夹紧螺钉的接触面加大,增加了夹紧的可靠性
上压式		用桥式压板上压,夹紧可靠,拆装方便,但压板有阻碍排屑现象,并可能被切屑擦坏。夹紧时需用手推刀片定位。压板可作断屑块用。通常用于无孔刀片的夹紧
		用钩形压板上压,压板的头部设计尺寸小,外观优美,容屑空间较大。适用于无孔刀片的夹紧
		用桥式压板上压,刀片带有压紧槽,压紧点固定,改善了夹紧力方向,刀片定位与夹紧都更为可靠。需根据不同的压紧槽型设计压板。常用于数控车刀和自动线上的车刀
		刀片为长条形,可调节伸出量,重磨多次。压板也可调节位置作断屑块用。常用于外圆车刀

拉垫式	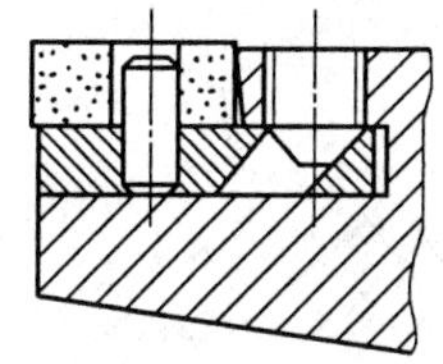	用螺钉的斜面使带圆柱销的刀垫移动夹紧刀片。结构简单,刀片的尺寸允差较大,但刀杆头部消弱较多,刚度较小,刀尖易出现缝隙
杠销式	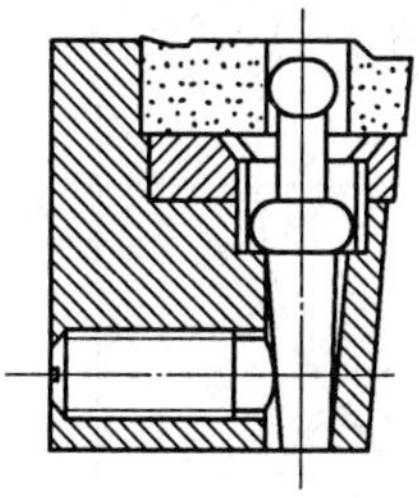	杠杆是直的,制造较简单,但夹紧力较小,适用小切削用量的车刀,一般应用得不太多
螺销上压式	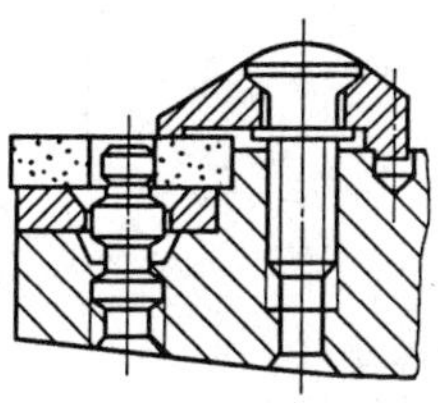	是偏心加上压式复合夹紧结构,螺销的圆锥体与刀杆的锥孔有偏心,螺销旋入时,上端小圆柱压向刀片,压板又从上面压紧刀片。常用于数控车床用车刀

2.2.2 刀片夹固零件的设计和计算

刀片夹固零件应根据所选用的刀片夹固结构需要与硬质合金可转位刀片的形状和尺寸进行设计和计算。下面以偏心式的刀片夹固结构为例,设计和计算偏心销及其相关尺寸。

2.2.2.1 刀片夹固零件材料的选择

由于刀片夹固零件要经受反复交变应力的作用,其材料可采用 45 钢或 40Cr 钢,热处理硬度为 40~45 HRC,发黑处理。

2.2.2.2 偏心销直径和偏心量的选择

偏心式硬质合金可转位车刀的偏心销及其相关尺寸,如图 2.4 所示。

为了保证可转位刀片装卸及转位方便,并使偏心销在夹固刀片时转动自如,刀片孔和偏心销之间必须有一定的间隙,这个间隙应大于两者直径的最大偏差之和,一般取为 0.2~0.4 mm。这样,偏心销直径 d_c 为

$$d_c = d_1 - (0.2 \sim 0.4)\ \text{mm} \tag{2.1}$$

式中 d_1——刀片孔直径(mm)。

偏心销直径确定后,其偏心量 e 可按下式计算

$$e = \frac{1}{(7 \sim 10)}\frac{d_c}{2}\ \text{mm} \tag{2.2}$$

式中 d_c——偏心销直径(mm)。

2.2.2.3 刀槽前刀面上偏心销转轴孔中心位置的确定

为使刀片紧靠刀槽的两个侧定位面,应使偏心销转轴孔中心 O_2(如图 2.1)在距侧定位面 I 为 m 和距侧定位面 II 为 n 的位置上。

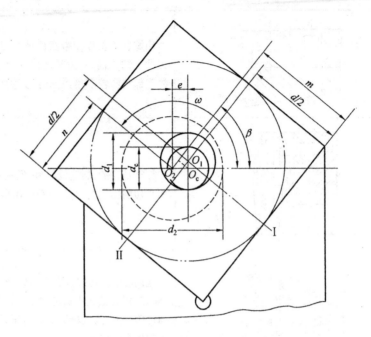

图 2.4　偏心销及其相关尺寸

计算 m 和 n 的公式为

$$m=\frac{d}{2}+e\sin\beta-\frac{d_1-d_c}{2}\cos\beta \ \text{mm} \tag{2.3}$$

$$n=\frac{d}{2}-e\cos\beta-\frac{d_1-d_c}{2}\sin\beta \ \text{mm} \tag{2.4}$$

式(2.2)和式(2.4)中：

　　d——刀片内切圆直径(mm)；

　　d_1——刀片孔直径(mm)；

　　d_c——偏心销直径(mm)；

　　e——偏心量(mm)；

　　β——偏心销的理论转角，一般取 $\beta\doteq30°\sim45°$。

2.3　刀具合理几何参数的选择及切削用量的选择

2.3.1　刀具合理几何参数的选择

2.3.1.1　前、后角的选择

可转位车刀的前角和后角的选择，原则上根据工件材料及加工条件按照附录Ⅲ选择。

2.3.1.2　主、副偏角的选择

可转位车刀主要是根据加工工件的形状和条件确定主偏角后选择合适的刀片。如车外圆时，主偏角 $\kappa_r=75°$，可选四方形刀片，副偏角 $\kappa_r'\approx90°\sim75°$；车阶梯轴时，主偏角 $\kappa_r=90°$，可选三角形刀片，副偏角 $\kappa_r'\approx90°\sim30°$。也可参考附录Ⅲ进行选择。

2.3.1.3 刃倾角的选择

为了获得大于 0 的后角 α_o 和大于 0 的副刃后角 α'_o，可转位车刀均选用小于 0 的刃倾角 λ_s。

应该注意的是：可转位车刀的角度是由刀片的角度和刀槽的角度合成的，所以在刀片选择后，刀片的前、后角就已确定，刀具的前、后角选择受到刀片角度的限制（详见图 2.5）。

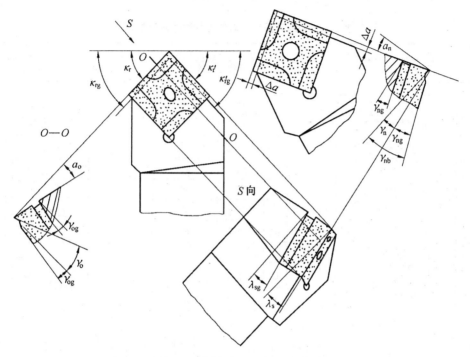

图 2.5　可转位车刀几何角度关系

2.3.2 切削用量的选择

根据工件所给的加工余量，确定粗车、半精车、精车各工序的切削用量，见附录Ⅱ。

2.4 硬质合金可转位刀片、刀垫型号和基本参数

2.4.1 可转位刀片型号表示规则

现已颁布实施的硬质合金可转位刀片的国家标准有：GB/T 2076—2007《切削刀具用可转位刀片型号表示规则》；GB/T 2077—1987《硬质合金可转位刀片圆角半径》；GB/T 2078—2007《带圆角圆孔固定的硬质合金可转位刀片尺寸》；GB/T 2079—1987《无孔的硬质合金可转位刀片》；GB/T 2080—2007《带圆角沉孔固定的硬质合金可转位刀片尺寸》；GB/T 2081—1987《硬质合金可转位铣刀片》。

GB/T 2076—2007 规定了我国可转位刀片的形状、尺寸、精度、结构特点等内容。

规则中指出：可转位刀片的型号由按一定顺序位置排列的、代表一给定意义的字母和数

字代号组成。共有十位代号,如 SNUM1506$\frac{12}{EP}$ER–A4,每位代号的含义见表2.2。任何一个型号都必须用前七个号位表示,后三个号位在必要时才使用。第八、九如只用其中一位,则都写在第八号位上。表2.3 表示刀片形状的字母代号。表2.4 表示刀片精度等级的字母代号。表2.5 表示刀片断屑槽形式和宽度的代号。

表2.2　切削刀具用可转位刀片型号表示规则

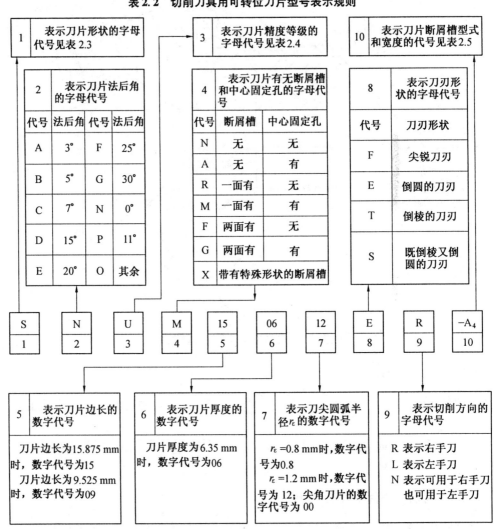

表 2.3　表示刀片形状的字母代号

刀片形状	代　号	刀片形状	代　号
三角形	T	35°菱形	V
凸三边形	W	55°菱形	D
偏8°三边形	F	75°菱形	E
正方形	S	80°菱形	C
五边形	P	86°菱形	M
六边形	H	55°平行四边形	K
八边形	O	82°平行四边形	B
矩形	L	85°平行四边形	A
圆形	R		

表 2.4　表示刀片精度等级的字母代号

精度等级代号	允　许　偏　差/mm		
	m	S	d
A	±0.005[①]	±0.025	±0.025
F	±0.005[①]	±0.025	±0.013
C	±0.013[①]	±0.025	±0.025
H	±0.013	±0.025	±0.013
E	±0.025	±0.025	±0.025
G	±0.025	±0.13	±0.025
J	±0.005[①]	±0.025	±0.06 ~ ±0.13[②]
K	±0.013[①]	±0.025	±0.05 ~ ±0.13[②]
L	±0.025[①]	±0.025	±0.05 ~ ±0.13[②]
M	±0.08 ~ ±0.18[②]	±0.13	±0.05 ~ ±0.13[②]
U	±0.13 ~ ±0.38[②]	±0.13	±0.08 ~ ±0.25[②]

注:① 这些允许偏差通常用于具有修光尺的可转位刀片;

　　② 允许偏差取决于刀片尺寸大小,每种刀片必须按其尺寸将允许偏差值表示出来。

表 2.4 中的 m、S、d 是刀片的主要尺寸,其中:

d——刀片的内切圆公称直径(mm);

S——刀片的厚度(mm);

m——刀尖位置尺寸(检查尺寸)(mm),分下列三种情况:

① 刀片边数为奇数、刀尖为圆角时,m 值如图 2.6(a)所示;

② 刀片边数为偶数、刀尖为圆角时,m 值如图 2.6(b)所示;

③ 刀片有修光刃时,m 值如图 2.6(c)所示。

刀片断屑槽型式和宽度代号见表 2.5。

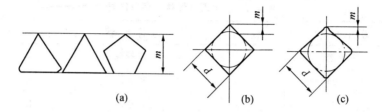

图 2.6 检查尺寸 m 的三种情况

表 2.5 表示刀断屑槽型式和宽度的代号

断屑槽型式			
代号 A	Y	K	H
断屑槽型式			
代号 J	V	M	W
断屑槽型式			
代号 U	P	B	G
断屑槽型式			
代号 C	Z	D	O
断屑槽宽度的数字代号	用舍去小数位部分的宽度毫米数表示,例如槽宽为 3.2~3.5 mm,则代号为3。对前宽后窄或前窄后宽的断屑槽,其宽度均指刀刃开口端的宽度		

2.4.2　圆孔硬质合金可转位刀片

2.4.2.1　圆孔刀片型号、基本尺寸及允许偏差

国家标准 GB 2078—2007 规定了圆孔硬质合金可转位刀片的型号、基本尺寸及允许偏差,现摘录其中四种(见表2.6~2.9),供参照选用。

表2.6　三角形0°法后角单面断屑槽刀片的基本尺寸　（mm）

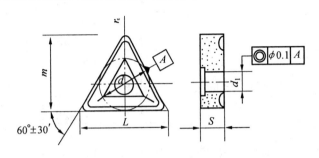

型　号	$L\approx$	d		S ±0.13	d_1 ±0.08	m		r_ε ±0.10
		公称尺寸	允许偏差			公称尺寸	允许偏差	
TNUM160404						13.887		0.4
TNUM160408	16.5	9.525	±0.08	4.27	3.81	13.494	±0.13	0.8
TNUM160412						13.097		1.2
TNUM220408						18.256		0.8
TNUM220412						17.859		1.2
TNUM220416	22.0	12.70	±0.13	4.76	5.16	17.463	±0.20	1.6
TNUM220420						17.050		2.0
TNUM270612	27.5	15.875	±0.18	6.35	6.35	22.612	±0.27	1.2
TNUM270616						22.212		1.6

表2.7　正方形0°法后角单面断屑槽刀片的基本尺寸　（mm）

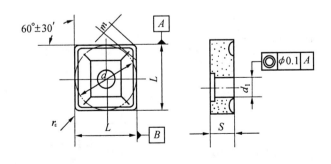

型　号	L=d		S ±0.13	d_1 ±0.08	m		r_ε ±0.10
	公称尺寸	允许偏差			公称尺寸	允许偏差	
SNUM090302					1.889	±0.2	
SNUM090304	9.525	±0.08	3.18	3.18	1.808	0.4	
SNUM090308					1.641	0.8	
SNUM120404					2.464		0.4
SNUM120408	12.70	±0.13	4.76	5.16	2.301	±0.20	0.8
SNUM120412					2.133		1.2
SNUM120420					1.801		2.0
SNUM150604					3.122		0.4
SNUM150608	15.875	±0.18	6.35	6.35	2.956	±0.27	0.8
SNUM150612					2.790		1.2
SNUM150620					2.459		2.0
SNUM190612					3.452		1.2
SNUM190616	19.05	±0.18	6.35	7.93	3.28	±0.27	1.6
SNUM190624					2.951		2.4
SNUM220612	22.225	±0.25	6.35	7.93	4.106	±0.38	1.2
SNUM220616					3.940		1.6
SNUM250716	25.40	±0.25	7.93	9.12	0.957	±0.38	1.6

表 2.8　偏 8°三角形 0°法后角单面断屑槽刀片的基本尺寸　（mm）

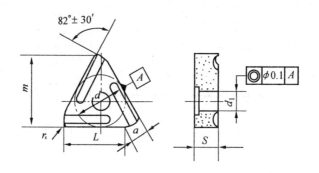

型　号	a	L≈	d		S ±0.13	d_1 ±0.08	m		r_ε ±0.10
			公称尺寸	允许偏差			公称尺寸	允许偏差	
FNUM110402	2.6	11	9.525	±0.08	4.76	3.81	13.214	±0.13	0.2
FNUM110404							13.115		0.4
FNUM150402	3.6	15	12.70	±0.13	4.76	5.16	17.602	±0.20	0.2
FNUM150404							17.503		0.4

FNUM190608 FNUM190708	4.6	19	15.875	±0.18	6.35 7.93	6.35	21.692 21.692	±0.27	0.8 0.8
FNUM230608 FNUM230708	5.2	23	19.05	±0.18	6.35 7.93	7.93	26.230 26.230	±0.27	0.8 0.8
FNUM270708 FNUM270912	6.2	27	22.225	±0.25	7.93 9.52	9.12	30.618 30.420	±0.38	0.8 1.2

表 2.9　凸三边 0°法后角单面断屑槽刀片的基本尺寸　（mm）

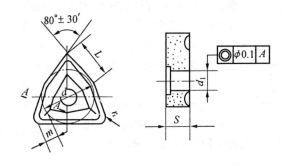

型　号	$L \approx$	d		S ±0.13	d_1 ±0.08	m		r_ε ±0.10
		公称尺寸	允许偏差			公称尺寸	允许偏差	
WNUM080404	8.68	12.70	±0.13	4.76	5.16	3.306 3.084	±0.20	0.4 0.8
WNUM100608 WNUM100612	10.86	15.875	±0.18	6.35	6.35	3.966 3.744	±0.27	0.8 1.2
WNUM130712 WNUM130716	13.03	19.05	±0.18	7.93	7.93	4.626 4.403	±0.27	1.2 1.6

2.4.2.2　断屑槽的参考尺寸

可转位车刀的断屑是靠可转位刀片的断屑槽来实现。可转位刀片的断屑槽是在生产刀片时直接压制成形。目前，国内外对刀片断屑槽型的研究十分重视，十分活跃，不断研制出适应各种情况的、各式各样的断屑槽型。

目前，国内在生产中应用的，还有一部分是冶金部标准推荐的槽型，在这里一并列表介绍，见表 2.10。

表 2.10 国家标准、部杆准断屑槽型代号、形式与适用范围

代号（隶属标准）	型　式	特　征	适用范围
A（GB、YB）		前后等宽，开口不通槽，这种槽型断屑范围比较窄。槽宽有2 mm、3 mm、4 mm、5 mm、6 mm、8 mm、10 mm7 种，可根据被加工材料及切屑用量选用	主要用于切削用量变化不大的外圆、端面车削，其左刀片也用于内孔镗刀
B（GB）		该槽型是圆弧变截面全封闭式槽型，断屑范围广	适于硬材料及各种材质的半精加工、精加工以及耐热钢的半精加工
C（GB）（YB 为 F）		前后等宽、等深、开口半通槽，切削刃上带有 6°正刃倾角	断屑范围较大，单位切削力小，排屑效果好
D（GB）		沿切削刃有一排半圆球形小凹坑	主要用于可转位钻头用刀片，切屑成宝塔形，效果较好
G（GB、YB）		这种断屑槽型无反屑面，前刀面呈内孔下凹的盆形，前角较小	主要用于车削铸铁等脆性材料
H（GB、YB）		槽型的特点与 A 型相似，但槽沿切削刃一边全开通	主要适用于 $\kappa_r = 45°$、75°的车刀，可进行较大用量的切削
J（GB）（YB 为 L）		该槽型与 H 型相似，但槽宽不等，为前宽后窄的外斜式	断屑范围较大，适用于粗车
K（GB）（YG 为 J）		前窄后宽、开口半通槽。其目的是当背吃刀量小时，在刀片的靠刀尖处切削，槽窄些；当背吃刀量较大时，槽也相应的宽些，切削变形较复杂，容易折断，断屑范围较宽	在断屑比较困难的端面车削时，其断屑效果较好
P（GB）		该槽型是吸收国外技术的一种新槽型，带弧形全封闭式，断屑效果好，切削力不大，排屑方向理想，切屑不飞溅	断屑范围较宽，每边截面槽型相似，背吃刀量和进给量变化时，也能断屑
V（GB、YB）		前后等宽的封闭式通槽。是最常用的一种槽型，断屑范围较大，当背吃刀量和进给量较小时，也能很好断屑	可用于外圆、端面、内孔精车、半精车及镗削。刀尖强度比开口槽的刀片要高一些，适用粗车

T (GB)		该槽型是沿切削刃各边有等宽的开口通槽,切削面较小,卷屑面较大	主要适于制作内孔车刀和内孔镗刀的孔加工刀具
W (GB、YB)		属三级断屑的封闭式通槽。断屑范围大,背吃刀量和进给量很小时也能断屑。但由于这种槽型的前角较小,切削力比较大,切屑也容易飞溅	适于切削用量变化范围大和机床、工件刚性好的仿形车床、自动车床的加工
Y (GB) (YB 为 D)		槽型是前宽后窄、斜式半通槽。这种槽型应用宽些,而切削较轻快、排屑流畅,多是管形螺旋屑或锥形螺旋屑	主要用于粗车,断屑较好
U (YB)		槽型是前宽后窄的圆弧形,并自然形成正刃倾角。属于变截面槽型,断屑范围较宽,切削力也较小	主要用车粗车,断屑较好
M (YB)		两级断屑槽、断屑范围比单级槽要宽些	多用于背吃刀量变化较大的仿形车削
N (YB)		刀片无容屑槽,属平面形,双面均可使用	适于刃磨各种角度的刀具
Q (YB)		在刀尖处有一圆形小凹坑,起断屑作用	适用于外圆精车和半精车,在背吃刀具量和进给量较小的情况下,能获得稳定断屑
E (YB)		槽型是封闭式通槽,由于切削刃上是圆弧形,自然形成正刃倾角	断屑范围较大,单位切削力小,适于半精和精加工
3C (YB)		刀片刀尖角82°,而 C 型槽为前后等宽、等深的开口半通槽。目前生产的槽宽有 2 mm、3 mm、4 mm、5 mm、6 mm 等	主要适于精车、半精车及冲击负荷不大的粗车
Z (YB)		该槽型与 A 型槽很相似,但比 A 型槽前角小些,卷屑角大些,两角由直线相接构成,也比 A 型槽深和宽些	主要适用于韧性较大材料的粗加工,部分的半精加工
3H (YB)		3H 槽型与 3M 槽型相类似,属两级断屑槽型,但 3M 型带有 8°副偏角,以此与 3H 型区别	多用于背吃刀量变化较大的仿形车削

国家标准 GB 2078—80 的附录 C 中规定了与刀片基本尺寸相应的断屑槽的参考尺寸,现摘录其中三种,供参照选用。法向角 0°的正方形刀片 A 型槽的基本尺寸和参考尺寸见表 2.11;法后角 0°的三角形刀片 V 型槽的基本尺寸和参考尺寸见表 2.12;法后角 0°的偏 8°三角形刀片 Y 型槽的基本尺寸和参考尺寸见表 2.13。

表 2.11　法后角 0°的正方形刀片 A 型槽的基本尺寸和参考尺寸　（mm）

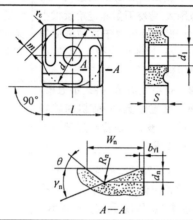

型　　号	基　本　尺　寸					参　考　尺　寸					
	$L=d$	S	d_1	m	r_ε	W_n	d_n	R_n	γ_n	θ	$b_{\gamma 1}$
SNUM090304－A2 SNMM090304－A2	9.525	3.18	3.18	1.889	0.4	2	0.3	1.2	15° 20° 25°	40°	0.15
SNUM120404－A3 SNMM120404－A3	12.70	4.76	5.16	2.464	0.4	3	0.5	1.6	15° 20° 25°	40°	0.2
SNUM120408－A3 SNMM120408－A3				2.301	0.8						
SNUM150604－A4 SNMM150604－A4	15.875	6.35	6.35	3.122	0.4	4	0.65	2.0	15° 20° 25°	40°	0.3
SNUM150608－A4 SNMM150608－A4				2.956	0.8						
SNUM150612－A4 SNMM150612－A4				2.790	1.2						
SNUM150620－A4 SNMM150620－A4				2.459	2.0						
SNUM190612－A5 SNMM190612－A5	19.05	6.35	7.93	3.452	1.2	5	0.8	2.4	15° 20° 25°	40°	0.4
SNUM190616－A5 SNMM190616－A5				3.288	1.6						

表 2.12 法后角 0° 的三角形刀片 V 型槽的基本尺寸和参考尺寸 （mm）

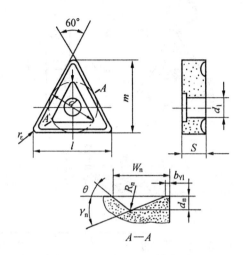

型 号	基 本 尺 寸						参 考 尺 寸					
	L	d	S	d_1	m	r_e	W_n	d_n	R_n	γ_n	θ	$b_{\gamma1}$
TNUM160404-V2 TNMM160404-V2	16.5	9.525	4.76	3.81	13.887	0.4	2	0.3	1.2	15° 20° 25°	40°	0.15
TNUM160408-V2 TNMM160408-V2					13.494	0.8						
TNUM220408-V3 TNMM220408-V3	22.0	12.70	4.76	5.19	18.256	0.8	3	0.5	1.6	15° 20° 25°	40°	0.2
TNUM220412-V3 TNMM220412-V3					17.859	1.2						
TNUM220416-V3 TNMM220416-V3					17.463	1.6						
TNUM270612-V4 TNMM270612-V4	27.5	15.875	6.35	6.35	22.612	1.2	4	0.65	2.0	15° 20° 25°	40°	0.3

表 2.13　法后角 0° 的偏 8° 三边形刀片 Y 型槽的基本尺寸和参考尺寸　（mm）

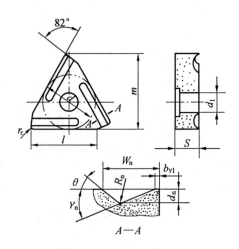

型　号	基 本 尺 寸						参 考 尺 寸					
	L	d	S	d_1	m	r_ε	W_n	d_n	R_n	γ_n	θ	$b_{\gamma 1}$
FNUM110402－Y4 FNMM110402－Y4	11	9.525	4.76	3.81	13.214	0.2	4	0.65	2.0	15° 20° 25°	40°	0.15
FNUM150404－Y5 FNMM150404－Y5	15	12.70	4.76	5.16	17.503	0.4	5	0.8	2.4	15° 20° 25°	40°	0.2
FNUM190608－Y6 FNMM190608－Y6	19	15.875	6.35	6.35	21.692	0.8	6	1.0	2.8	15° 20° 25°	40°	0.3

2.4.3　无孔硬质合金可转位刀片

2.4.3.1　刀片型号、公称尺寸和允许偏差

国家标准 GB 2079—2007 规定了无孔硬质合金可转位刀片的型号、公称尺寸和允许偏差,现摘录其中六种(见表 2.14 ~ 2.19),供参考选用。

表 2.14　三角形 0°法后角无断屑槽刀片的基本尺寸　（mm）

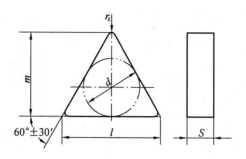

型　号	$L\approx$	d		S ±0.13	m		r_ε ±0.10
		公称尺寸	允许偏差		公称尺寸	允许偏差	
TNUN110304	11.0	6.35	±0.08	3.18	9.128	±0.13	0.4
TNUN110308					8.731		0.8
TNUN160408	16.5	9.525		4.76	13.494		0.8
TNUN160412					13.097		1.2
TNUN220412	22.0	12.70	±0.13		17.859	±0.20	1.2
TNUN220416					17.463		1.6

型　号	$L\approx$	d		S ±0.13	m		r_ε ±0.10
		公称尺寸	允许偏差		公称尺寸	允许偏差	
TNGN110304	11.0	6.35	±0.025	3.18	9.128	±0.025	0.4
TNGN160408	16.5	9.525		4.76	13.494		0.8
TNGN160412					13.097		1.2
TNGN220412	22.0	12.70			17.859		1.2

表 2.15　三角形 11°法后角无断屑槽刀片的基本尺寸　（mm）

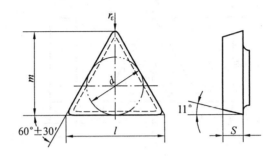

型　号	$L\approx$	d		S ±0.13	m		r_ε ±0.10
		公称尺寸	允许偏差		公称尺寸	允许偏差	
TPUN160308	16.5	9.525	±0.08	3.18	13.494	±0.13	0.8
TPUN160312					13.097		1.2
TPUN220412	22.0	12.70	±0.13	4.76	17.859	±0.20	1.2
TPUN220416					17.463		1.6
TPUN270604	27.5	15.875	±0.18	6.35	23.412	±0.27	0.4

型　号	$L\approx$	d		S ±0.13	m		r_ε ±0.10
		公称尺寸	允许偏差		公称尺寸	允许偏差	
TPGN160308	16.5	9.525	±0.025	3.18	13.494	±0.025	0.8
TPGN160312					13.097		1.2
TPGN220412	22.0	12.70		4.76	18.859		1.2

表 2.16　三角形 11°法后角单面断屑槽刀片的基本尺寸　（mm）

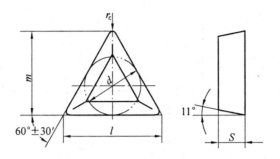

型　号	$L \approx$	d		S ± 0.13	m		r_ε ± 0.10
		公称尺寸	允许偏差		公称尺寸	允许偏差	
TPUR110204	11.0	6.35	±0.08	2.38	9.128	±0.025	0.4
TPUR16.304	16.5	9.525			13.887		0.4
TPGR220304	22.0	12.70		3.18	18.650		0.4
TPGR220308					18.250		0.8

表 2.17　正方形 0°法后角无断屑槽刀片的基本尺寸　（mm）

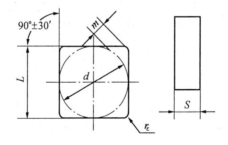

型　号	$L = d$		S ± 0.13	m		r_ε ± 0.1
	公称尺寸	允许偏差		公称尺寸	允许偏差	
SNUN060308	6.35	±0.08	3.18	0.984	±0.13	0.8
SNUN090304	9.525			1.808		0.4
SNUN090308				1.644		0.8

型号	L=d 公称尺寸	允许偏差		S ±0.13	m 公称尺寸	允许偏差	r_ε
SNUN120408	12.70	±0.13			2.301	±0.20	0.8
SNUN120412					2.137		1.2
SNUN150412	15.875			4.76	2.795		1.2
SNUN150416		±0.18			2.630	±0.27	1.6
SNUN190412	19.05				3.452		1.2
SNUN190416					3.288		1.6

型　号	L=d		S ±0.13	m		r_ε ±0.1
	公称尺寸	允许偏差		公称尺寸	允许偏差	
SNGN090308	9.525		3.18	1.644		0.8
SNGN120408	12.70	±0.025	4.26	2.301	±0.025	0.8
SNGN120412				2.137		1.2
SNGN150412	15.875			2.791		1.2

表 2.18　正方形 11°法后角无断屑槽刀片的基本尺寸　　（mm）

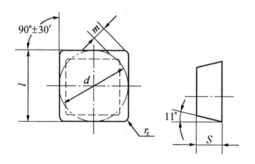

型　号	L=d		S ±0.13	m		r_ε ±0.10
	公称尺寸	允许偏差		公称尺寸	允许偏差	
SPUN060308	6.35	±0.08	3.18	0.984	±0.13	0.8
SPUN090312	9.525			1.476		1.2
SPUN120308	12.70	±0.13		2.301	±0.20	0.8
SPUN120312				2.137		1.2
SPUN150412	15.875	±0.18	4.76	2.791	±0.27	1.2
SPUN190416	19.05			3.288		1.6

型　号	L=d		S	m		r_ε
	公称尺寸	允许偏差	±0.13	公称尺寸	允许偏差	±0.10
SPGN060308	6.35		3.18	0.984		0.8
SPGN090312	9.525	±0.025		1.476	±0.025	1.2
SPGN120308	12.70			2.301		0.8
SPGN120312				2.137		1.2

表2.19　正方形11°法后角单面断屑槽刀片的基本尺寸　（mm）

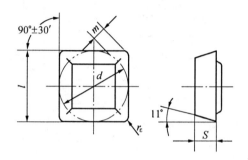

型　号	L=d		S	m		r_ε
	公称尺寸	允许偏差	±0.13	公称尺寸	允许偏差	±0.1
SPUR090304	9.525	±0.08		1.808	±0.13	0.4
SPUR090312				1.476		1.2
SPUR120304	12.70	±0.13	3.18	2.464	±0.20	0.4
SPUR120308				2.301		0.8
SPUR120312				2.133		1.2

型　号	L=d		S	m		r_ε
	公称尺寸	允许偏差	±0.13	公称尺寸	允许偏差	±0.1
SPGR090304	9.525			1.808		0.4
SPGR090312				1.476		1.2
SPGR120304		±0.025	3.18	2.464	±0.025	0.4
SPGR120308	12.70			2.301		0.8
SPGR120312				2.133		1.2

2.4.3.2　断屑槽的参考尺寸

国家标准 GB 2079—80 中还规定了与刀片基本尺寸相对应的断屑槽的参考尺寸,现摘录于表2.20 和表2.21 中,供参考选用。

表 2.20　法后角 11°的三角形刀片 V 型槽的基本尺寸和参考尺寸　（mm）

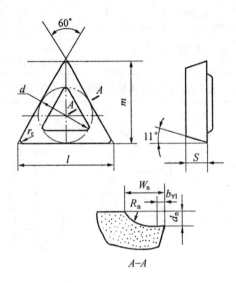

A–A

型　号	基　本　尺　寸						参　考　尺　寸					
	L	d	S	m	r_ε	α_n	W_n	d_n	R_n	γ_n	θ	$b_{\gamma 1}$
TPUR 110204-V TPGR 110204-V	11.0	6.35	2.26	9.128	0.4	11°	1.5	0.3	0.3	—	—	0.1
TPUR 160304-V TPGR 160304-V	16.5	9.525	3.18	13.887	0.4	11°	1.5	0.4	0.4	—	—	0.1
TPUR 220304-V TPGR 220304-V	22.0	12.70	3.18	18.256	0.4	11°	1.8	0.4	0.4	—	—	0.3
TPUR 220308-V TPGR 220308-V	22.0	12.70	3.18	13.887	0.8	11°	1.8	0.4	0.4	—	—	0.3

表 2.21   法后角11°的正方形刀片 V 型槽的基本尺寸和参考尺寸 （mm）

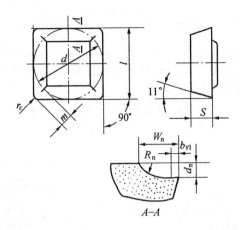

A–A

型　号	基 本 尺 寸						参 考 尺 寸					
	L	d	S	α_n	m	r_ε	W_n	d_n	R_n	γ_n	θ	$b_{\gamma1}$
SPUR 090304-V SPGR 090304-V	9.525	9.525	3.18	11°	1.080	0.4	1.5	0.3	2.5	—	—	0.1
SPUR 090312-V SPGR 090312-V	9.525	9.525	3.18	11°	1.476	1.2	1.5	0.3	2.5	—	—	0.1
SPUR 120304-V SPGR 120304-V	12.70	12.70	3.18	11°	2.464	0.4	1.8	0.4	3.0	—	—	0.3
SPUR 120312-V SPGR 120312-V	12.70	12.70	3.18	11°	2.133	1.2	1.8	0.4	3.0	—	—	0.3

2.4.4 硬质合金刀垫

2.4.4.1   圆孔硬质合金刀垫

（1）刀垫型号的表示规则。国家标准 GB 2078—2007 的附录 A 中规定了硬质合金刀垫的型号是由代表一定含义的字母和数字组代号组成,共有三个代号。

① 表示刀垫形状的字母代号见表 2.22。

表 2.22   表示刀垫形状的字母代号

刀垫形状	代　号	刀垫形状	代　号	刀垫形状	代　号
三角形	T	偏8°三角形	F	80°菱形	C
正方形	S	35°菱形	V	圆 形	R
凸三边形	W	55°菱形	D	五边形	P

② 表示参考刀片边长的数字组代号。参考刀片是指置于该刀垫之上的可转位刀片。其边长代号为省略小数位的刀片边长。例如,参考刀片边长为 9.525 mm,则代号为09;参考刀片边长为 16.5 mm,则代号为16。

③ 表示刀垫内孔型式的字母代号见表 2.23。

表 2.23　表示刀垫内孔型式的字母代号

内孔型式	双面沉孔	单面沉孔
代　　号	A	B

（2）刀垫型号及尺寸。国家标准中规定了硬质合金刀垫的型号和尺寸,现摘录其中八种(见表 2.24 ~ 2.31),供参照选用。

表 2.24　三角形双面沉孔刀垫　（mm）

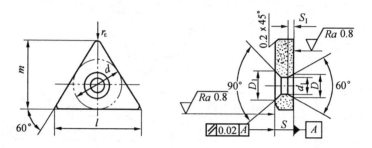

型　　号	d	$S\pm0.02$	m	$a_1\pm0.15$	L	r_ε	D	D_1	(S_1)
T16A	8.53	3.18	12.395	4.6	14.77	0.4	5.6	6.6	0.9
T22A	11.70	3.18	16.750	6.1	20.26	0.8	7.3	8.6	1.0
T27A	14.86	4.76	21.120	7.1	25.77	1.2	8.5	10.0	1.2

表 2.25　三角形单面沉孔刀垫　（mm）

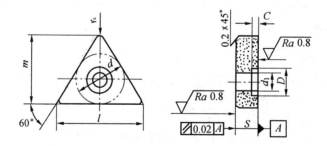

型　　号	d	$S\pm0.02$	m	$d_1\pm0.15$	L	r_ε	D	C
T16B	8.53	3.18	12.395	5.6	14.77	0.4	7	1.5
T22B	11.70	3.18	16.750	6.6	20.26	0.8	8	1.5
A27B	14.88	4.76	21.120	7.6	25.77	1.2	9	2.0

表 2.26　正方形双面沉孔刀垫　（mm）

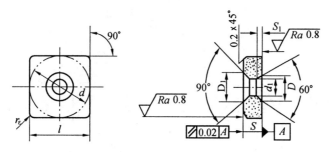

型　　号	d	$S\pm0.02$	$d_1\pm0.15$	L	r_ε	D	D_1	(S_1)
S09A	8.53	3.18	4.6	8.53	0.4	5.6	6.6	0.9
S12A	11.80	3.18	6.1	11.70	0.8	7.3	8.5	1.0
S15A	14.88	4.76	7.1	14.88	1.2	8.5	10.0	1.2
S19A	18.05	6.35	8.7	18.05	1.6	10.3	11.5	1.4
S22A	21.23	6.35	8.7	21.23	1.6	10.3	11.5	1.4
S25A	24.40	6.35	10.1	24.40	2.4	12.0	13.0	1.6

表 2.27　正方形单面沉孔刀垫　（mm）

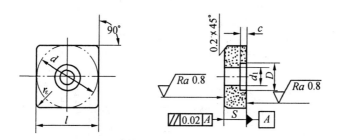

型　　号	d	$S\pm0.02$	$d_1\pm0.15$	L	r_ε	D	C
S09B	8.53	3.18	5.6	8.53	0.4	7	1.5
S12B	11.70	3.18	6.6	11.70	0.8	8	1.5
S15B	14.88	4.76	7.6	14.88	1.2	9	2.0
S19B	18.05	6.35	8.6	18.05	1.6	10	2.0
S22B	21.23	7.93	9.6	21.23	1.6	11	2.5
S25B	24.40	7.93	9.6	24.40	2.4	11	2.5

表 2.28　偏 8°三边形双面沉孔刀垫　（mm）

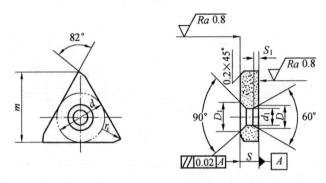

型　号	d	$S\pm0.02$	m	$a_1\pm0.15$	r_ε	D	D_1	(S_1)
F11A	8.53	3.18	11.840	4.6	0.4	5.6	6.6	0.9
F15A	11.70	3.18	16.210	6.1	0.4	7.3	8.6	1.0
F19A	14.88	4.76	20.409	7.1	0.8	8.5	10.0	1.2
F23A	18.05	6.35	24.780	8.7	0.8	10.3	11.5	1.4
F27A	21.23	6.35	28.980	10.1	1.2	12.0	13.0	1.6

表 2.29　偏 8°三边形单面沉孔刀垫　（mm）

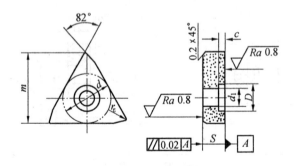

型　号	d	$S\pm0.02$	m	$d_1\pm0.15$	r_ε	D	C
F11B	8.53	3.18	11.840	5.6	0.4	7	1.5
F15B	11.70	3.18	16.216	6.6	0.4	8	1.5
F19B	14.88	4.76	20.409	7.6	0.8	9	2.0
F23B	18.05	6.35	24.780	8.6	0.8	10	2.0
F27B	21.23	6.35	28.980	10.0	1.2	12	2.5

表 2.30 凸三边形双面沉孔刀垫 （mm）

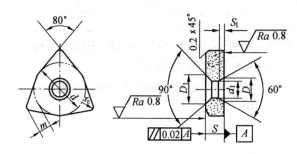

型 号	d	$S\pm0.02$	m	$d_1\pm0.15$	r_ε	D	D_1	(S_1)
W08A	11.70	3.18	3.217	6.1	0.8	7.3	8.5	1.0
W10A	14.88	4.76	3.579	7.1	1.2	8.5	10.0	1.2
W13A	18.05	6.35	4.237	8.7	1.6	10.3	11.5	1.4

表 2.31 凸三边形单面沉孔刀垫 （mm）

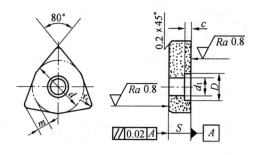

型 号	d	$S\pm0.02$	m	$d_1\pm0.15$	r_ε	D	D_1
W08B	11.70	3.18	3.217	6.6	0.8	8	1.5
W10B	14.88	4.70	3.519	7.6	1.2	9	2.0
W13B	18.05	6.35	4.237	8.6	1.6	10	2.0

2.4.4.2 无孔硬质合金刀垫

（1）刀垫型号的表示规则。国家标准 GB 2079—2007 的附录 A 中规定了硬质合金刀垫的型号是由代表一定含义的字母和数字组代号组成，见表 2.32、2.33。

表 2.32 表示刀片型号的字母代号

刀垫形状	三 角 形	正 方 形
代 号	T	S

参考刀片即置于该刀垫之上的可转位刀片，其边长代号为省去小数位的刀片边长，如边长为 16 mm，代号为 16；边长为 9.525 mm，代号为 09。

表 2.33　表示刀垫法后角大小的字母代号

法后角度数	0°	11°
代　号	N	P

（2）刀垫型号及尺寸。国家标准 GB 2079—2007 中规定了硬质合金刀垫的型号和尺寸。现摘录四种(见表 2.34 ~ 2.37)，供参照选用。

表 2.34　三角形 0°法后角刀垫　（mm）

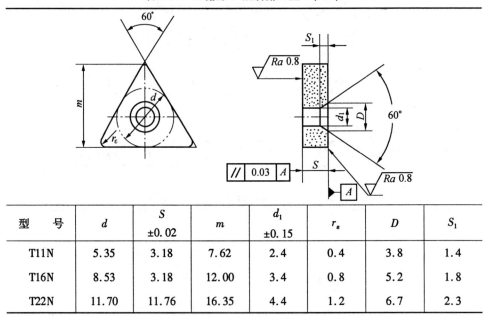

型　号	d	S ±0.02	m	d_1 ±0.15	r_ε	D	S_1
T11N	5.35	3.18	7.62	2.4	0.4	3.8	1.4
T16N	8.53	3.18	12.00	3.4	0.8	5.2	1.8
T22N	11.70	11.76	16.35	4.4	1.2	6.7	2.3

表 2.35　三角形 11°法后角刀垫　（mm）

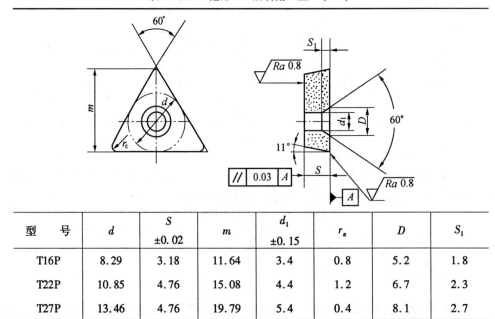

型　号	d	S ±0.02	m	d_1 ±0.15	r_ε	D	S_1
T16P	8.29	3.18	11.64	3.4	0.8	5.2	1.8
T22P	10.85	4.76	15.08	4.4	1.2	6.7	2.3
T27P	13.46	4.76	19.79	5.4	0.4	8.1	2.7

表 2.36　正方形 0°法后角刀垫　（mm）

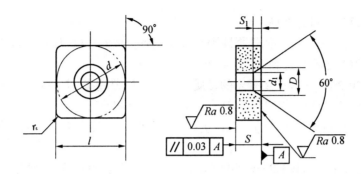

型 号	$L=d$	S ±0.02	d_1 ±0.15	r_ε	D	S_1
S06N	5.35	3.18	2.4	0.8	3.8	1.4
S09N	8.53	3.18	3.4	0.8	5.2	1.8
S12N	11.70	3.18	4.4	0.8	6.7	2.3
S15N	14.88	4.76	5.4	1.2	8.1	2.7
S19N	18.05	4.76	5.4	1.2	8.1	2.7

表 2.37　正方形 11°法后角刀垫　（mm）

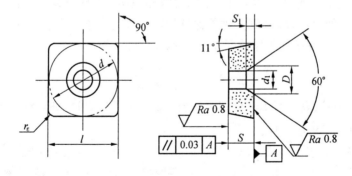

型 号	$L=d$	S ±0.02	d_1 ±0.15	r_ε	D	S_1
S09P	7.30	3.18	3.4	1.2	5.2	1.8
S12P	10.50	3.18	4.4	1.2	6.7	2.3
S15P	13.00	4.76	5.4	1.2	8.1	2.7
S19P	16.30	4.76	5.4	1.6	8.1	2.7

2.4.5 硬质合金可转位刀片的选择

2.4.5.1 刀片材料的选择

硬质合金可转位刀片材料的选择原则与普通硬质合金刀片材料的选择原则完全相同。

2.4.5.2 刀片形状的选择

国家标准 GB 2076—2007 中规定的硬质合金可转位刀片有 17 种刀片形状,常用的是:三角形(表 2.6)、正方形(表 2.7)、偏 8°三角形(表 2.8)和凸三边形(表 2.9)四种。选择刀片形状时,主要依据被加工工件的工序性质、工件形状、刀具使用寿命和刀片的利用率等进行。

三角形刀片的加工范围较广泛,90°外圆车刀、90°内孔镗刀都可以采用三角形刀片。其优点是加工时径向切削力小,适合于工艺系统刚性较差的条件下使用。缺点是刀尖角小($\varepsilon_{\gamma b}=60°$),刀尖强度差,散热面积小,刀具使用寿命较短。为克服三角形刀片的上述缺点,可选用偏 8°三角形和凸三边形刀片,这两种刀片的刀尖角都比三角形刀片的刀尖角大,这样既可以提高刀尖强度,又增加了散热面积,因而使刀具使用寿命有所提高。此外,用偏 8°三角形刀片加工外圆时,还可以减小已加工表面的残留面积,使表面粗糙度数值减小。

2.4.5.3 刀片精度等级的选择

车削用硬质合金可转位刀片的精度等级选用 U(普通级)、M(中等级)和 G(精密级),一般情况下选用 U 级,有特殊要求时才选用 M 级和 G 级。

2.4.5.4 刀片基本尺寸的确定

(1)刀片内切圆直径(或边长)的确定。选择刀片内切圆直径(或边长)时,首先应根据背吃刀量 a_p、主偏角 κ_r 和刃倾角 λ_s 的大小,计算出主切削刃实际参加工作长度 L_{se},然后令刀片的刃口长度(即边长)$L>1.5L_{se}$,便能保证切削刃顺利工作。

直线切削刃的实际参加工作长度 L_{es} 的近似计算公式为

$$L_{es}=\frac{a_p}{\sin \kappa_r \cos \lambda_s} \tag{2.5}$$

不同形状的刀片,其边长 L 和内切圆直径 d 的关系不同,可以通过计算求得。对于正方形刀片,$L=d$,对于三角形刀片,$L=\sqrt{3}\,d$。

(2)刀片厚度的确定。刀片厚度主要应从保证刀片强度的观点出发进行选择。当被加工材料选定之后,刀片所受切削力的大小,主要取决于进给量 f 和背吃刀量 a_p 的大小,f 和 a_p 越大,切削力也越大,就应该选用较厚的刀片。

刀片厚度的选择参照表 2.38。

表 2.38　根据背吃刀量和进给量选用刀片厚度 s

背吃刀量 a_p/mm	3.2			4.8			6.4		7.9			9.5			12.7	
进给量 f/(mm·r⁻¹)	0.2~0.3	0.38	0.51	0.2~0.25	0.3~0.51	0.63	0.25~0.38	0.38~0.63	0.25~0.3	0.38~0.63	0.76	0.25~0.3	0.38~0.63	0.76	0.3~0.51	0.63~0.76
刀片厚度 s/mm	3.18	4.76	4.76	3.18	4.76	6.35	4.76	6.35	4.76	6.35	6.35~7.93	4.76	6.35	7.93	6.35	7.93

（3）刀尖圆角半径的确定。刀尖圆角半径大，刀尖强度高，散热条件好，可以提高刀具使用寿命，并使表面粗糙度变小。但刀尖圆角半径过大，将使吃刀抗力 F_y 增加，容易引起振动，反而影响加工质量，甚至造成损坏刀片或者闷车。合适的刀尖圆角半径 r_ε，可根据表2.39 选择。

表 2. 39　R_a、R_y、进给量 f 与刀尖圆弧半径的对应关系

表面粗糙度		刀尖圆弧半径/mm				
		0. 4	0. 8	1. 2	1. 6	2. 4
$Ra/\mu m$	$Ry/\mu m$	进给量 $f/(mm \cdot r^{-1})$				
0. 63	1. 6	0. 07	0. 10	0. 12	0. 14	0. 17
1. 6	4	0. 11	0. 15	0. 19	0. 22	0. 26
3. 2	10	0. 17	0. 24	0. 29	0. 34	0. 42
6. 3	16	0. 22	0. 30	0. 37	0. 43	0. 53
8	25	0. 27	0. 38	0. 47	0. 54	0. 65
32	100				1. 08	1. 32

2.5　硬质合金可转位车刀刀杆的选择及刀槽角度设计

2.5.1　硬质合金可转位车刀刀杆的选择

选择可转位车刀刀杆截面形状和尺寸时，不但要考虑刀杆强度及其所用车床的尺寸联系，还要考虑刀杆头部有足够的宽度，以便保证安装可转位刀片及夹固刀片零件的需要。

2.5.1.1　刀杆材料的选择

为了保证刀杆强度，增加刀杆使用寿命，刀杆材料一般可采用中碳钢或合金钢，且以45钢使用较多。热处理硬度为 HRC38～45，发黑。

2.5.1.2　刀杆截面尺寸的确定

硬质合金可转位刀刀杆截面尺寸（$B \times H$，B——宽度，H——高度）通常按车床刀架尺寸选取，而车床刀架尺寸是与车床中心高相关联的，因此，一般车刀刀杆截面尺寸可按车床中心高选取。表2.40 给出了按车床中心高选择刀杆截面尺寸的数值。

表 2.40　按车床中心高选择刀杆截面尺寸

车床中心高	150	180～200	260	300	350～400
刀杆截面尺寸 $B \times H$	12×20	16×25 (20×25)	20×25 (20×30)	20×30	25×40

在背吃刀量和进给量不大的情况下，按表2.40 选用的刀杆截面尺寸不必校验刀杆强度。而在切削深度和进给量较大时，有必要校验刀杆强度，校验刀杆强度的公式为

$$\frac{F_z l}{W_{bb}} \leqslant [\sigma_{bb}] \qquad (2.6)$$

式中　F_z——主切削力（N）；

　　　l——刀尖伸出长度（mm）；

W_{bb}——刀杆抗弯断面系数（mm^3）；

[σ_{bb}]——许用弯曲应力。对 45 钢，取[σ_{bb}] = 0.20 ~ 0.25 GPa。

主切削力 F_z 的计算公式为

$$F_z = p a_p f K_{F_z} \qquad (2.7)$$

式中　　p——单位切削力（N/mm^2）；

a_p——背吃刀量（mm）；

f——进给量（mm/r）；

K_{F_z}——修正系数。

2.5.1.3　刀杆长度尺寸的选择

选择刀杆长度尺寸时，应保证刀杆装在刀架上，至少有两个螺钉能紧固住刀杆。

刀杆长度尺寸已标准化，可转位车刀常用的有 125、150、160、200、250 mm 等，刀杆长度尺寸应在上述尺寸中选用。

2.5.2　刀槽角度及铣制刀槽所需角度的计算

可转位车刀的几何角度是由可转位刀片的几何角度与刀槽的几何角度综合形成的，因此，当选定车刀合理几何角度之后，要按选定的刀片几何角度准确地计算出刀槽的几何角度。

车刀角度、刀片角度和刀槽角度的符号见表 2.41。

表 2.41　车刀角度、刀片角度和刀槽角度的符号

角度名称 角度来源	主偏角	副偏角	刀尖角	前　角	后　角	刃倾角
车刀角度	κ_r	κ_r'	ε_r	γ_o	α_o	λ_s
刀片角度	κ_{rb}	κ_{rb}'	ε_{rb}	γ_{nb}	α_{nb}	λ_{sb}
刀槽角度	κ_{rg}	κ_{rg}'	ε_{rg}	γ_{og}	α_{og}	λ_{sg}

可转位车刀几何角度、刀片几何角度和刀槽几何角度之间的关系，如图 2.5 所示。刀槽角度的计算步骤是：

（1）求刀槽主偏角 κ_{rg}。$\kappa_{rg} = \kappa_r$。

（2）求刀槽刃倾角 λ_{sg}。$\lambda_{sg} = \lambda_s$。

（3）求刀槽前角 γ_{og}。将刀槽底面看做前刀面，则刀槽前角 r_{og} 的计算公式为

$$\tan \gamma_{og} = \frac{\tan \gamma_o - \dfrac{\tan r_{nb}}{\cos \lambda_s}}{1 + \tan \gamma_o \tan \gamma_{nb} \cos \lambda_s} \qquad (2.8)$$

2.5.2.2　计算铣制刀槽时需要的角度

为铣制刀槽，须将刀槽前面水平放置，这就要求将刀杆的基准面（或底面）倾斜一定的角度。由于铣制刀槽采用的方法不同，则计算铣制刀槽时需要的角度也不同。

（1）计算刀槽最大负前角 γ_{gg} 及其方位角 τ_{gg}。当用预制斜铁铣制刀槽（图 2.6）时，需要计算出刀槽最大负前角 γ_{gg} 及其方位角 τ_{gg}。刀槽最大负前角 γ_{gg} 的计算公式为

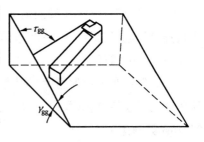

$$\tan \gamma_{gg} = -\sqrt{\tan^2 \gamma_{og} + \tan^2 \lambda_{sg}} \qquad (2.9)$$

刀槽最大负前角 γ_{gg} 所在剖面的方位角 τ_{gg} 的计算公式为

图 2.6　用预制斜铁铣制刀槽示意图

$$\tan \tau_{gg} = \frac{\tan \gamma_{og}}{\tan \lambda_{sg}} \qquad (2.10)$$

（2）计算刀槽切深方向角 γ_{pg} 和进给方向前角 γ_{fg}。当用双坐标角度垫铁铣制刀槽时（图 2.7），需要计算出刀槽切深方向前角 γ_{pg} 和进给方向前角 γ_{fg}。

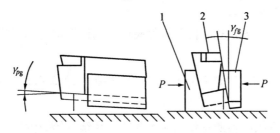

图 2.7　用双坐标角度垫铁铣制刀槽示意图
1—左垫铁；2—刀杆；3—右垫铁

刀槽切深方向前角 γ_{pg} 的计算公式为

$$\tan \gamma_{pg} = \tan \gamma_{og} \cos \kappa_{pg} + \tan \lambda_{sg} \sin \kappa_{pg} \qquad (2.11)$$

刀槽进给方向前角 γ_{fg} 的计算公式为

$$\tan \gamma_{fg} = \tan \gamma_{og} \sin \kappa_{pg} - \tan \lambda_{sg} \cos \kappa_{pg} \qquad (2.12)$$

在绘制可转位车刀刀体图时，根据设计的刀具铣制刀槽的需要，选择上述的一种铣制方法，将铣制需要的角度标注在工作图中。

2.6　硬质合金可转位车刀设计举例

[原始条件]

加工一批尺寸如图 2.8 所示的零件，工件材料为 45 钢（正火），锻件，$\sigma_b = 0.60$ GPa，HB $= 170 \sim 200$。表面粗糙度 Ra 要求达到3.2 μm，需分粗车、半精车两道工序完成其外圆车削，单边总余量为 4 mm，使用机床为 CA 6140 普通车床。

试设计一把硬质合金可转位外圆车刀。

设计步骤为：

（1）选择刀片夹固结构。考虑到加工在 CA 6140 普通车床上进行，且属于连续切削，参照表 2.1 典型刀片夹固结构简图和特点，采用偏心式刀片夹固结构。

(2) 选择刀片材料(硬质合金牌号)。由原始条件给定:被加工工件材料为 45 钢(正火),连续切削,完成粗车、半精车两道工序,按照硬质合金的选用原则,选取刀片材料(硬质合金牌号)为 YT15。

(3) 选择车刀合理角度。根据刀具合理几何参数的选择原则,并考虑到可转位车刀几何角度的形成特点,选取如下四个主要角度:① 前角 $\gamma_o = 15°$;② 后角 $\alpha_o = 5°$;③ 主偏角 $\kappa_r = 75°$;④ 刃倾角 $\lambda_s = -6°$。

后角 α_o 的实际数值以及副后角 α_o' 和副偏角 κ_r' 在计算刀槽角度时,经校验后确定。

(4) 选择切削用量。根据切削用量的选择原则,查表确定切削用量。

粗车时:切削深度 $a_p = 3$ mm,进给量 $f = 0.6$ mm/r,切削速度 $v = 110$ m/min;

半精车时,$a_p = 1$ mm,$f = 0.3$ mm/r,$v = 130$ m/min。

(5) 选择刀片型号和尺寸:

① 选择刀片有无中心固定孔。由于刀片夹固结构已选定为偏心式,因此应选用有中心固定孔的刀片。

② 选择刀片形状。按选定的主偏角 $\kappa_r = 75°$,参照本章 2.4.5.2 节刀片形状的选择原则,选用正方形刀片。

③ 选择刀片精度等级。参照本章 2.4.5.3 节刀片精度等级的选择原则,选用 U 级。

④ 选择刀片内切圆直径 d(或刀片边长 L)。根据已确定的 $a_p = 3$ mm、$\kappa_r = 75°$ 和 $\lambda_s = -6°$,将 a_p、κ_r 和 λ_s 代入式(2.5),可求出刀刃的实际参加工作长度 L_{se} 为

$$L_{se} = \frac{a_p}{\sin \kappa_r \cos \lambda_s} = \frac{3}{\sin 75° \cos (-6°)} = 3.123 \text{ mm}$$

则所选用的刀片边长 L 应为

$$L > 1.5 L_{se} = 1.5 \times 3.123 = 4.685 \text{ mm}$$

因为是正方形刀片,所以

$$L = d > 4.685 \text{ mm}$$

⑤ 选择刀片厚度 s。根据已选定的 $a_p = 3$ mm,$f = 0.6$ mm/r 及通过图 2.38,求得刀片厚度 $s \geq 4.8$ mm。

⑥ 选择刀尖圆弧半径 r_ε。根据已选定的 $a_p = 3$ mm,$f = 0.6$ mm/r,利用图 2.39,求得连续切削时的 $r_\varepsilon = 1.2$ mm。

⑦ 选择刀片断屑槽型式和尺寸,参照本章 2.4.5.4 节中刀片基本尺寸的确定原则,根据已知的原始条件,选用 A 型断屑槽,断屑槽的尺寸在选定刀片型号和尺寸后,便可确定。

综合以上七方面的选择结果,确定选用的刀片型号是:SNUM150612R-A4(见表2.11),其具体尺寸为

$L = d = 15.875$ mm;$s = 6.35$ mm;$d_1 = 6.35$ mm;$m = 2.79$ mm;$r_\varepsilon = 1.2$ mm

刀片刀尖角 $\varepsilon_b = 90°$;刀片刃倾角 $\lambda_{sb} = 0°$;断屑槽宽 $W_n = 4$ mm;取法前角 $\gamma_{nb} = 20°$。

(6) 选择硬质合金刀垫型号和尺寸。硬质合金刀垫形状和尺寸的选择,取决于刀片夹

固结构及刀片的型号和尺寸。本题选择与刀片形状相同的刀垫,正四方形,中心有圆孔。其尺寸为:长度 $L=14.88$ mm,厚度 $s=4.76$ mm,中心孔直径 $d_1=7.6$ mm。材料为YG8。

(7) 计算刀槽角度。可转位车刀几何角度、刀片几何角度和刀槽几何角度之间的关系,如图2.5所示。

刀槽角度计算步骤是:

① 刀杆主偏角 κ_{rg}

$$\kappa_{rg}=\kappa_r=75°$$

② 刀槽刃倾角 λ_{sg}

$$\lambda_{sg}=\lambda_s=-6°$$

③ 刀槽前角 γ_{og}

将 $\gamma_o=15°$、$\gamma_{nb}=20°$、$\lambda_s=-6°$ 代入式(2.8),得

$$\tan \gamma_{og}=\frac{\tan 15°-\tan 20°/\cos(-6°)}{1+\tan 15°\tan 20°\cos(-6°)}=-0.089$$

则 $\gamma_{og}=-5.086°(5°5'9'')$,取 $\gamma_{og}=-5°$。

④ 验算车刀后角 α_o。车刀后角 α_o 的验算公式为

$$\tan \alpha_o=\frac{(\tan \alpha_{nb}-\tan \gamma_{og}\cos \lambda_s)}{1+\tan \alpha_{nb}\tan \gamma_{og}\cos \lambda_s} \tag{2.13}$$

当 $\alpha_{nb}=0°$ 时,则式(2.13)成为

$$\tan \alpha_o=-\tan \gamma_{og}\cos^2\lambda_s \tag{2.14}$$

将 $\gamma_{og}=-5°$、$\lambda_s=-6°$ 代入式(2.12),得 $\tan \alpha_o=-\tan(-5°)\cos(-6°)=0.87$,则

$$\alpha_o=4.946°(4°56'44'')$$

与所选角度值相近,可以满足切削要求。而刀杆后角 $\alpha_{og}\approx\alpha_o$,故 $\alpha_{og}=5°$。

⑤ 刀槽副偏角

$$\kappa'_{rg} \quad \kappa'_{rg}=\kappa'_r=180°-\kappa_r-\varepsilon_r$$

因为 $$\varepsilon_{rg}=\varepsilon_r,\kappa_{rg}=\kappa_r$$

所以 $$\kappa'_{rg}=180°-\kappa_{rg}-\varepsilon_{rg}=180°-\kappa_r-\varepsilon_r \tag{2.15}$$

车刀刀尖角 ε_r 的计算公式为

$$\cos \varepsilon_r=\left[\cos \varepsilon_{rb}\sqrt{1+(\tan \gamma_{og}\cos \lambda_s)^2}-\tan \gamma_{og}\sin \lambda_s\right]\cos \lambda_s \tag{2.16}$$

当 $\varepsilon_{rb}=90°$ 时,式(2.14)成为

$$\cos \varepsilon_r=-\tan \gamma_{og}\sin \lambda_s\cos \lambda_s \tag{2.17}$$

将 $\gamma_{og}=-5°$、$\lambda_s=-6°$ 代入式(2.17),得

$$\cos \varepsilon_r=-\tan(-5°)\sin(-6°)\cos(-6°)=-0.0091$$

$$\varepsilon_r=90.52°(90°31'16'')$$

故 $$\kappa'_{rg}\approx\kappa'_r=180°-75°-90.52°=14.48°(14°28'48'')$$

取 $$\kappa'_{rg}=14.5°$$

⑥ 验算车刀副后角 α_o' 。车刀副后角 α_o' 的验算公式为

$$\tan \alpha_o' = \frac{(\tan \alpha_{nb}' - \tan \gamma_{og}' \cos \lambda_{og}')}{1 + \tan \alpha_{nb}' \tan \gamma_{og}' \cos \lambda_{sg}'} \tag{2.18}$$

当 $\alpha_{nb} = 0°$ 时,式(2.18)成为

$$\tan \alpha_o' = -\tan \gamma_{og}' \cos^2 \lambda_{sg}' \tag{2.19}$$

而

$$\tan \gamma_{og}' = -\tan \gamma_{og}' \cos \varepsilon_{rg} + \tan \lambda_{sg}' \sin \varepsilon_{rg} \tag{2.20}$$

$$\tan \lambda_{og}' = \tan \gamma_{og}' \sin \varepsilon_{rg} + \tan \lambda_{sg}' \cos \varepsilon_{rg} \tag{2.21}$$

将 $\gamma_{os} = -5°$、$\lambda_{sg} = \lambda_s = -6°$、$\varepsilon_{rg} = \varepsilon_r = 90.52°$ 代入式(2.20)、(2.21)中,得

$$\tan \gamma_{og}' = -\tan(-5°) \cos 90.52° + \tan(-6°) \sin 90.52° = -0.106$$

所以

$$\gamma_{og}' = -6.04°(-6°2'41'')$$

$$\tan \lambda_{sg}' = \tan(-5°) \sin 90.52° + \tan(-6°) \cos 90.52° = -0.087$$

所以

$$\lambda_{sg}' = -4.95°(-4°56'44'')$$

再将 $\gamma_{og}' = -6.04°$、$\lambda_{sg}' = -4.95°$ 代入式(2.17),得

$$\tan \alpha_o' = -\tan(-6.04°) \cos^2(-4.95°) = 0.105$$

所以 $\alpha_o' = 5.995°(5°59'43'')$,可以满足切削要求。

刀槽副后角 $\alpha_{og}' \approx \alpha_o'$,故 $\alpha_{og}' = 5.995°$,取 $\alpha_{og}' = 6°$ 。

综合上述计算结果,可以归纳出:

车刀的几何角度

$$\gamma_o = 15°, \alpha_o = 4.946°, \kappa_r = 75°, \kappa_r' = 14.48°, \lambda_s = -6°, \alpha_o' = 5.995°$$

刀槽的几何角度

$$\gamma_{og} = -5°, \alpha_{og} = 5°, \kappa_{rg} = 75°, \kappa_{rg}' = 14.5°, \lambda_{sg} = -6°, \alpha_{og}' = 6°$$

(8) 计算铣制刀槽时需要的角度。

① 计算刀槽最大负前角 γ_{gg} 及其方位角 τ_{gg} 。

将 $\gamma_{og} = -5°$、$\lambda_{sg} = \lambda_s = -6°$ 代入式(2.9),得

$$\tan \gamma_{gg} = -\sqrt{\tan^2(-5°) + \tan^2(-6°)} = -0.137$$

$$\gamma_{gg} = -7.79°(-7°47'13'')$$

将 $\gamma_{og} = -5°$、$\lambda_{sg} = \lambda_s = 6°$ 代入式(2.10),得

$$\tan \tau_{gg} = \tan(-5°)/\tan(-6°) = 0.382$$

$$\tau_{gg} = 39.77(39°46'26'')$$

② 计算刀槽切深剖面前角 γ_{pg} 和进给剖面前角 γ_{fg} 。

将 $\gamma_{og} = -5°$、$\lambda_{sg} = -6°$,$\kappa_{rg} = 75°$ 代入式(2.21)和式(2.12),可得

$$\tan \gamma_{pg} = \tan(-5°) \cos 75° + \tan(-6°) \sin 75° = -0.124$$

$$\tan \gamma_{fg} = \tan(-5°) \sin 75° - \tan(-6°) \cos 75° = -0.057$$

所以

$$\gamma_{pg} = -7.08°(-7°4'41'')$$

$$\gamma_{fg} = -3.28°(-3°16'47'')$$

（9）选择刀杆材料和尺寸。

① 选择刀杆材料。选用 45 钢为刀杆材料,热处理硬度为 HRC38 ~ 45,发黑处理。

② 选择刀杆尺寸

ⅰ 选择刀杆截面尺寸。因加工使用 CA 6140 普通车床,其中心高为 220 mm。按照表 2.38,并考虑到为提高刀杆强度,选取刀杆截面尺寸 $B \times H = 20 \times 25$（$mm^2$）。

由于切削深度 $a_p = 3$ mm,进给量 $f = 0.6$ mm/r,可以不必校验刀杆强度。

ⅱ 选择刀杆长度尺寸。参照本章 2.5.1.3 刀杆长度尺寸的选择原则,选取的刀杆长度为 150 mm。

（10）选择偏心销及其相关尺寸。

① 选择偏心销材料。偏心销材料选用 40Cr,热处理硬度为 HRC40 ~ 45,发黑。

② 选择偏心销直径 d_c 和偏心量。偏心销直径可用式（2.1）求出,即

$$d_c = d_1 - (0.2 - 0.4) \text{ mm}$$

前面已经选定 $d_1 = 6.35$ mm,取括号内最大数值 0.4 mm,则

$$d_c = 6.35 - 0.4 = 5.95 \text{ mm}$$

偏心量 e 可用式（2.2）求出,即

$$e \leqslant \frac{\mu_1 \dfrac{d_c}{2} + \mu_2 \dfrac{d_2}{2}}{\sqrt{1 + \mu_1^2}}$$

为计算方便,取 $\mu_1 = \mu_2 = 1.3$,$d_c = d_2$,$\sqrt{1 + \mu_1^2} = 1$,则式（2.5）成为 $e \leqslant 0.13 d_c = 0.13 \times 5.95 = 0.77$ mm,取 $e = 0.75$ mm。

为使刀片夹固可靠,选用自锁性能较好的螺钉偏心销,并取螺钉偏心销转轴直径 d_2 为 M6。

③ 计算偏心销转轴孔中心在刀槽前刀面上的位置。根据前边已选的各尺寸

$$d_1 = 6.35 \text{ mm}, d = 15.875 \text{ mm}$$

$$d_c = 5.95 \text{ mm}, e = 0.75 \text{ mm}$$

取 $\beta = 30°$,代入,则

$$m = \frac{15.875}{2} + 0.75 \sin 30° - \frac{6.35 - 5.95}{2} \cos 30° = 8.14 \text{ mm}$$

$$n = \frac{15.875}{2} - 0.75 \cos 30° - \frac{6.35 - 5.95}{2} \sin 30° = 7.19 \text{ mm}$$

（11）绘制车刀工作图和零件图。

① 偏心式 75°硬质合金可转位外圆车刀,见图 2.8。

② 偏心式 75°硬质合金可转位外圆车刀刀杆（1）,见图 2.9。

（12）编写设计说明书。

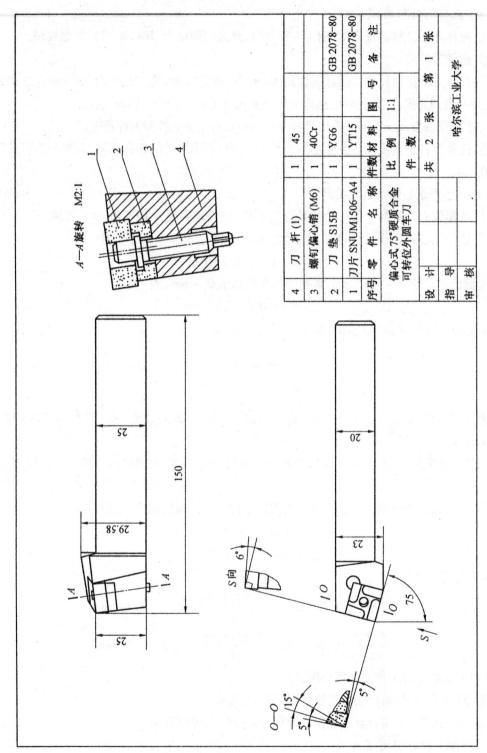

4		刀　杆 (1)	1	45	
3		螺钉偏心销 (M6)	1	40Cr	
2		刀 垫 S15B	1	YG6	GB 2078-80
1		刀片 SNUM1506-A4	1	YT15	GB 2078-80
序号		零 件 名 称	件数	材 料	备 注

比　例	图　号
1:1	
件　数	张　数
共 2 张	第 1 张

偏心式75°硬质合金
可转位外圆车刀

哈尔滨工业大学

设　计	
指　导	
审　核	

图 2.8

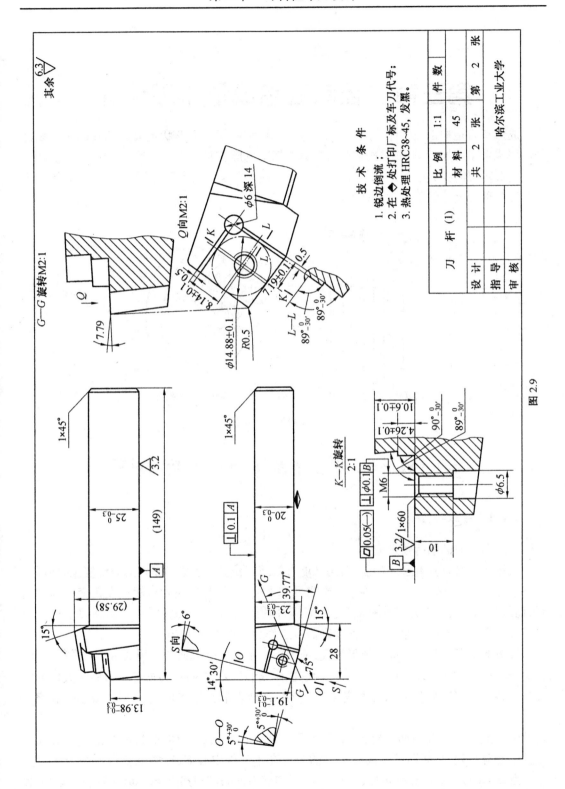

图 2.9

第三章　径向进给成形车刀设计

成形车刀是加工回转体成形表面的专用工具,它的切削刃形状是根据工件的轮廓设计的。用成形车刀加工,只要一次切削行程就能切出成形表面。

成形车刀的种类很多,本章仅以径向进给的棱体和圆体成形车刀(图3.1)为例,说明成形车刀各部分尺寸的确定和设计方法。

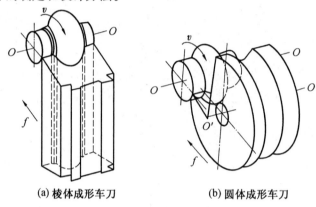

(a) 棱体成形车刀　　　　　(b) 圆体成形车刀

图3.1　成形车刀结构

3.1　成形车刀的基本参数及设计内容与过程

3.1.1　基本参数概念

1. 成形车刀的前后角形成

成形车刀必须具有合理的前、后角才能有效地工作。由于成形车刀的刃形复杂,切削刃上各点正交平面方向不一致,同时考虑测量和重磨方便,前角和后角都不在正交平面内测量,而规定在刀具的假定工作平面(垂直于工件轴线的断面)内测量,并以切削刃上最外缘与工件中心等高点处的假定工作前角和假定工作后角作为标注值。

棱体成形车刀的后刀面是棱形柱面,前刀面是平面。后刀面与燕尾成 K—K 平行,而前刀面与 K—K 呈倾角 $90°-(\gamma_f+\alpha_f)$。在制造棱体成形车刀时,将前刀面与后刀面的夹角磨成 $90°-(\gamma_f+\alpha_f)$。切削时,将后刀面安装出 α_f 角,这样就形成了前角 γ_f 和后角 α_f。如图3.2(a)所示。

圆体成形车刀前刀面刃磨出 γ_f,后刀面是成形回转表面。切削时,将基准点安装在与工件中心等高处,从而形成了成形车刀的中心高于工件中心 H,这样就获得所需要的后角 α_f。当 $H=R\sin\alpha_f$、γ_f,α_f 确定后,刀具中心 O' 与前刀面间的距离 $h_c=R\sin(\gamma_f+\alpha_f)$。以 O' 为中心,以 h_c 为半径的圆称为刃磨圆。在制造和重磨圆体成形车刀时,使前刀面与此圆相切。如图3.2(b)所示。

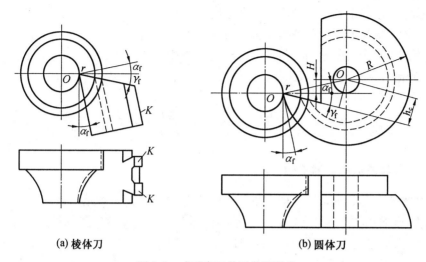

(a) 棱体刀　　　　　　　　　(b) 圆体刀

图 3.2　成形车刀前后角的形成

2. 成形车刀廓形

成形车刀的廓形包括廓形长度和廓形深度。对于径向进给成形车刀,廓形长度与工件廓形长度一致,但廓形深度与工件廓形深度不同,工件廓形通常是指工件的轴剖面廓形。棱体成形车刀廓形深度是在垂直与主后刀面的法相剖面 $N—N$ 内测量,圆体成形车刀的廓形深度是在刀具的轴向剖面 $N—N$ 内测,如图 3.3 所示。

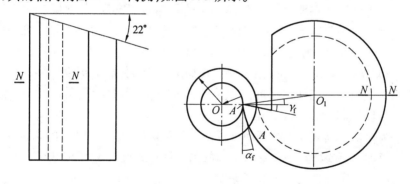

图 3.3　成形车刀廓形

3.1.2　设计内容与过程

成形车刀设计包括廓形设计和刀体结构设计,其设计过程如下:

(1) 根据加工零件和机床条件选择成形车刀的类型。

(2) 选择刀具材料。

(3) 选择成形车刀的前角 γ_f 和后角 α_f。

(4) 画出刀具廓形计算图,确定切削刃的基准线和各点的计算半径,并校验切削刃总宽度 L_c 与工件最小直径 d_{min} 的比值是否满足要求。(若不满足要求,可设计两把或数把成形车刀分别进行加工,或采取其他工艺措施)

(5) 确定成形车刀的结构尺寸。

(6) 用计算法求切削刃上各点的廓形深度。

（7）确定切削刃上各点廓形深度的公差值。

（8）校验成形车刀切削刃的最小主后角 α_o。

（9）确定成形车刀各段切削刃的廓形宽度及公差值。

（10）绘制成形车刀和样板工作图。

3.2　成形车刀的结构尺寸

3.2.1　棱体成形车刀的结构尺寸

棱体成形车刀的装夹部分一般多采用燕尾结构（图3.4），这种结构夹固可靠，能承受较大的切削力，常应用在多轴自动车床上。棱体成形车刀的主要结构参数是：刀体总宽度 L_0、刀体高度 H、刀体厚度 B 及燕尾尺寸 M 等。

3.2.1.1　刀体总宽度 L_0

如图3.5（a）所示，成形车刀的刀体总宽度 L_0 与切削刃的总宽度 L_c 相同

$$L_c = l + a + b + c + d \tag{3.1}$$

式中　l——工件廓形宽度；

　　　a——为避免切削刃转角处过尖而设的附加刀刃宽度，常取为 0.5~3 mm（图3.5（a）中的9-10段）；

　　　b——考虑到工件端面 加工和倒角而设的附加刀刃宽度，其数值应大于端面精加工余量和倒角宽度。如果工件不需要倒角，则此段有两种形式，第一种形式如图3.5（a）所示，为使该段切削刃在主剖面内有一定后角，常做成主偏角 $\kappa_r = 15°$~45°，b 值取 1~3 mm；第二种形式如图3.5（b）所示，a' 段（$a'>3$ mm）直接将端面切出。如工件有倒角，则此段 κ_r 值应等于倒角角度值，b 值比倒角宽度大 1~1.5 mm（图3.2（a）中1-9段）；

　　　c——为保证后续切断工序顺利进行而设的预切槽切削刃宽度（图3.5（a）中5-6-7-11 段），常取为 3~8 mm。c 段的另一种形式见图3.5（b）中 c'。预切槽的深度应不大于工件的最大廓形深度。

　　　d——为保证切削刃超出工件毛坯表面而设的附加切削刃宽度，常取为 0.5~2 mm（图3.5（a）中11-12段）。

当工件的毛坯是铸件、锻件或已切断的棒料时，则成形部分两旁的附加切削刃视具体情况而定。

在确定切削刃总宽度 L_c 时，还应考虑机床功率及工艺系统的刚度。因为径向成形车刀的切削刃同时参加切削，径向切削分力很大，易引起振动，影响加工表面质量。一般要根据不同的加工情况对切削刃总宽度 L_c 和工件最小直径 d_{min} 的比值（即 L_c/d_{min}）加以限制（当工件直径较小时取小值，反之取大值）。

粗加工时：$L_c/d_{min} < 2$~3；

半精加工时：$L_c/d_{min} < 1.8$~2.5；

精加工时：$L_c/d_{min} < 1.5$~2。

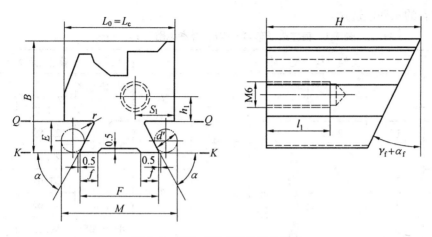

图 3.4　棱体成形车刀的结构尺寸

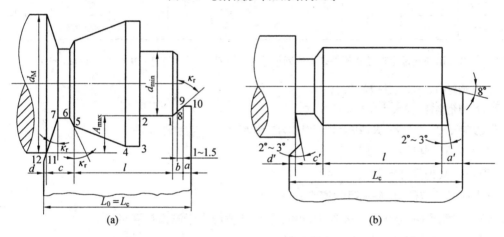

图 3.5　成形车刀的附加切削刃

当 $L_c/d_{\min}$ 大于许用值或 $L_c > 80$ mm（经验值）时，可将工件廓形分段切削，改用两把或数把成形车刀分别进行加工；

3.2.1.2　刀体高度 H

在成形车刀刀夹结构允许的情况下，刀体高度 H 应尽可能取大些，这样可以增加刀具的重磨次数。但因 H 受机床空间和调整位置的限制不能任意增加，一般推荐值为 75～100 mm。有时为节约高速钢材料，采用对焊结构，则高速钢部分长度不小于 40 mm（或 $H/2$）。

3.2.1.3　刀体厚度 B

刀体厚度 B 主要应保证刀体有足够的强度，同时还应考虑排屑顺利，安装方便。此外 B 还与燕尾尺寸 E 和工件上最大的廓形深度 $A_{\max}$ 有关（见图 3.4 与图 3.5），应满足

$$B - E - A_{\max} \geqslant (0.25 \sim 0.5) L_0 \qquad (3.2)$$

B 的推荐系列尺寸见表 3.1。

3.2.1.4　燕尾测量尺寸 M 和 F

M 和 F 这两个尺寸决定了棱体成形车刀的燕尾尺寸，燕尾尺寸不仅应与切削刃总宽度 L_c 及其他棱体成形车刀结构尺寸相适应，而且还影响刀夹的结构尺寸，因此燕尾尺寸须按

表 3.1 推荐的系列值选用。

表 3.1　棱体成形车刀结构尺寸(参见图 3.1)　(mm)

结　构　尺　寸						检验燕尾尺寸		
$L_0 = L_c$	F	B	H	E	f	测量棒直径 d'	M 尺寸	偏差
15 ~ 20	15	20	（可视机床刀夹而定）75~100	$7.2^{+0.36}_{0}$	5	5±0.005	22.89	0
22 ~ 30	20	25					27.87	−0.1
32 ~ 40	25			$9.2^{+0.36}_{0}$	8		37.62	0
45 ~ 50	30	45					42.62	−0.12
55 ~ 60	40					8±0.005	52.62	0
65 ~ 70	50	60		$12.2^{+0.43}_{0}$	12		62.62	
75 ~ 80	60						72.62	−0.14

注：① 若采用的测量棒直径 d' 不是表中所列尺寸时，M 值可按下式计算：$M = F + d'(1 + \tan\frac{\alpha}{2})$。

② 燕尾的 $\alpha = 60°$，其偏差为 ±10′。

③ 圆角半径 r 最大为 0.5 mm。

④ 燕尾 $Q—Q$ 与 $K—K$ 两面不能同时作为工作表面。

3.2.1.5　燕尾的其他尺寸

燕尾的其他尺寸包括(图 3.4)：

f——刀具定位面($K—K$)的宽度；

E——燕尾 $Q—Q$ 和 $K—K$ 两面间的距离，此值应大于测量棒直径 d'；

d'——测量棒直径(用于测量燕尾尺寸)。

f、E、d' 尺寸见表 3.1。

此外，为调整棱体成形车刀的高度和增加刀体刚性，刀体底部做有螺孔以旋入螺钉(图 3.4)，螺孔一般为 M6。S_1 与 h_1 的尺寸视具体情况而定，h 视机床刀夹而定，应保证满足最大调整范围。

3.2.2　圆体成形车刀的结构尺寸

圆体成形车刀的主要结构参数(图 3.6)有：刀体外径 d_0、内孔直径 d、刀体总宽度 L_0 及夹固部分尺寸等。

3.2.2.1　刀体总宽度 L_0

$$L_0 = L_c + l_y \tag{3.3}$$

式中　L_c——切削刃的总宽度，L_c 的确定和前述棱体成形车刀相同。

l_y——除切削刃外，其他部分的宽度值见表 3.2。

3.2.2.2　刀体外径 d_0 和内孔直径 d

确定外径时，要考虑工件的最大廓形深度、排屑、刀体强度及刚度等。在可能的情况下，

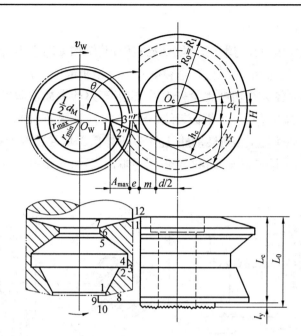

图 3.6　圆体成形车刀的结构尺寸

刀体外径 d_0 的尺寸希望做大些,其优点是:

① 导热性好;

② 重磨次数多;

③ 双曲线误差小。

外径的增大要受到以下因素的限制:

① 机床刀架高度;

② 刀具材料的消耗;

③ 若加工内孔表面时,受到工件孔径尺寸的限制。

因此圆体成形车刀的外径 d_0 一般采用工件最大廓形深度的 6~8 倍,或按下式计算后,取与其相近的标准值(见图 3.6)

$$d_0 = 2R_0 > 2(A_{max} + e + m) + d \tag{3.4}$$

式中　R_0——刀具廓形的最大半径;

A_{max}——工件最大廓形深度,$A_{max} = r_{max} - r_{min}$;

e——为保证有足够的容屑空间所需的距离,这同被加工工件材料性质有关,可根据切削厚度及切屑的卷曲程度选取,一般取为 3~12 mm。当工件为脆性材料时取小值,反之取大值;

m——刀体最小壁厚由刀体强度而定,一般取为 5~8 mm;

d——内孔直径,为保证刀体和心轴有足够的强度和刚度,d 需按切削用量和切削力的大小选取。一般取 $d = (0.25 \sim 0.45)d_0$,计算后取成与之相近的标准值。标准值系列尺寸为 10、(12)、16、(19)、20、22、27 等(带括号的为非优选系列)。

3.2.2.3　夹固部分尺寸

圆体成形车刀常采用内孔与端面定位,螺栓夹固,其结构见图3.7。刀具套在刀夹的心轴上并用螺栓夹紧,直径为 d_1 的沉头孔是容纳心轴螺栓头部的。d_1 和 l_1 的数值见表3.2和表3.3。当刀体尺寸较大或切削用量较大时,成形车刀的端面常做出一段凸台,一般为3~5 mm。凸台上可视具体情况铣出端面齿纹(图3.7(a))或滚花(图3.7(b))。端面齿纹除了可防止车刀与刀夹间发生相对转动外,还可在刀体重磨后起粗调刀尖的作用。有时为了制造方便,可专门做出同成形车刀相配合的可换端面齿环,用销钉将其固定在刀体上(图3.7(c))。

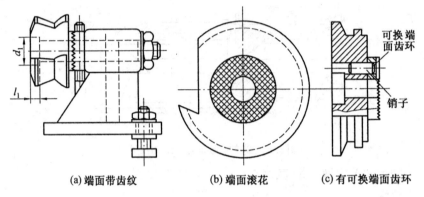

(a) 端面带齿纹　　　　(b) 端面滚花　　　　(c) 有可换端面齿环

图3.7　圆体成形车刀的夹固部分结构

圆体成形车刀传递扭矩的方式有两种:一是靠端面齿纹(图3.7(a)、(b))或圆柱销(图3.7(c)),二是靠键(图3.8)(这种方法可承受较大的切削力)。一般圆柱销式成形车刀常用在单轴自动车床上,而键槽式成形车刀常用于多轴自动机床上。

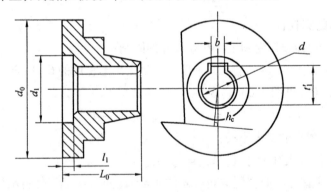

图3.8　带键槽圆体成形车刀

圆体成形车刀的典型结构尺寸见表3.2~3.4。

表3.2　端面带齿纹的圆体成形车刀结构尺寸　（mm）

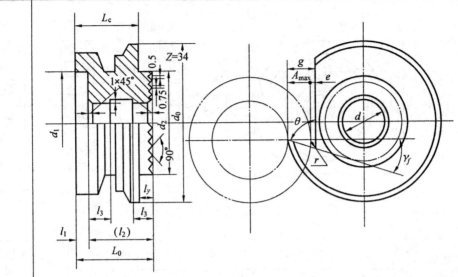

结构图

工件廓形深度	刀　具　尺　寸						端面齿纹尺寸	
A_{max}	d_0	d	d_1	g_{max}	e	r	d_2	l_y
<4	30	10	16	7	3	1	—	—
4～6	40	13	20	10	3	1	20	3
6～8	50	16	25	12	4	1	26	3
8～10	60	16	25	14	4	2	32	3
10～11	70	22	34	17	5	2	35	4
12～15	80	22	34	20	5	2	40	4
15～18	90	22	34	23	5	2	45	5
18～21	100	27	40	26	5	2	50	5

注：① 表中外径 d_0 允许用于 A_{max} 更小的情况。

② 沉头孔深度 $l_1 = \left(\frac{1}{4} \sim \frac{1}{2}\right) L_0$。

③ g_{max} 是按 A_{max} 上限给出的，由 $g = A_{max} + e$ 计算得出之 g 值圆整为 0.5 的倍数。内孔成形车刀之 e 值可小于表中之值。

④ 当孔深 $l_2 > 15$ mm 时，需加空刀槽，$l_3 = \frac{1}{4} l_2$。

⑤ 当 $\gamma_f < 15°$ 时，θ 取 80°；$\gamma_f > 15°$ 时，θ 取 70°。

⑥ 端面齿齿形角 β 可为 60° 或 90°，齿顶宽度为 0.75 mm，齿底宽度为 0.5 mm，齿数 $z = 10 \sim 50$。如考虑通用，可取 $z = 34$，$\beta = 90°$。

⑦ 各种车床均有应用，多用于普通车床。

表 3.3　带销孔圆体成形车刀结构尺寸　（mm）

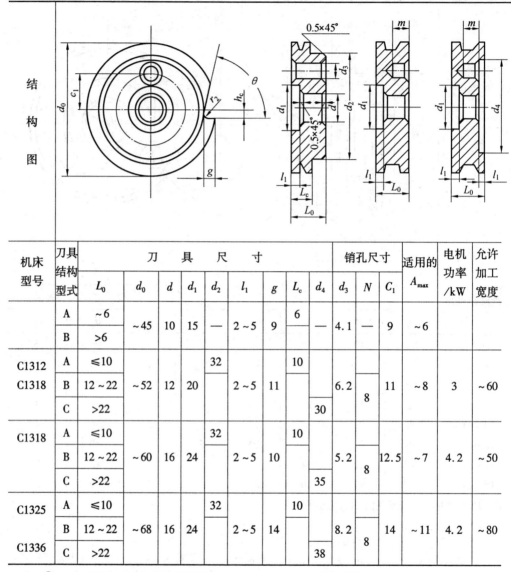

机床型号	刀具结构型式	刀具尺寸									销孔尺寸			适用的 A_{max}	电机功率/kW	允许加工宽度
		L_0	d_0	d	d_1	d_2	l_1	g	L_c	d_4	d_3	N	C_1			
	A	~6	~45	10	15	—	2~5	9	6	—	4.1	—	9	~6		
	B	>6														
C1312	A	≤10				32			10							
C1318	B	12~22	~52	12	20		2~5	11			6.2	8	11	~8	3	~60
	C	>22								30						
C1318	A	≤10				32			10							
	B	12~22	~60	16	24		2~5	10			5.2	8	12.5	~7	4.2	~50
	C	>22								35						
C1325	A	≤10				32			10							
	B	12~22	~68	16	24		2~5	14			8.2	8	14	~11	4.2	~80
C1336	C	>22								38						

注：① h_c 为刀具中心到前刀面的距离，由 $h_c = R_1 \sin(\gamma_f + \alpha_f)$ 计算而得。

② 当 $\gamma_f < 15°$ 时，θ 取 80°；$\gamma_f > 15°$ 时，θ 取 70°。

③ 多用于单轴自动车床，也有采用多轴自动车床。

表3.4 带键槽的圆体成形车刀结构尺寸 （mm）

结 构 图									

机床型号	d_0	d	L_0	d_1	l_1	g	b	t_1'	电机功率/kW	允许加工宽度
C2132-6 C2150-6	~76	22	22	32	4	14	6	24.1	14 (20)	120 (140)

注：① 键承受切削力矩较大，L_0 可大些，常按 18,20,25,30,35,40,45 等系列选用。

② $\gamma_f < 15°$时，θ 取 80°；$\gamma_f > 15°$时，θ 取 70°。

③ 多用于多轴自动车床，普通车床和六角车床上也可使用。

3.3 成形车刀的前角和后角

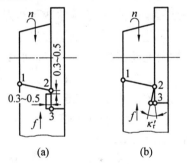

图3.9 改善切削状况的措施

成形车刀的前角 γ_f 和后角 α_f 可参考表 3.5 选取，但必须校验刀具廓形上 κ_r 角最小的切削刃上的主后角，α_o 一般不得小于 2°~3°，否则，必须采取措施加以解决。常用的措施有以下两种：

① 在 $\kappa_r = 0°$ 的切削刃处磨出凹槽（图3.9(a)），只保留一狭窄的棱面。这种方法可以使该处切削刃缩短些，但不能根本改善切削状况。

② 在 $\kappa_r = 0°$ 的切削刃处磨出 $\kappa_r' \approx 2°$ 左右的副偏角（图3.9(b)）。这种方法可使摩擦大为减小，从而改善切削状况，但仍有一小段刀刃与工件表面接触，同时刀具重磨后会使刀刃廓形变化。

表3.5 成形车刀的前角和后角

被加工材料	材料的机械性能		前角 γ_f	成形车刀类型	后角 α_f
钢	σ/GPa	<0.5	20°	圆 体 型	10°~15°
		0.5~0.6	15°		
		0.5~0.8	10°		
		>0.8	5°		

被加工材料		材料的机械性能		前　角 γ_f	成形车刀类型	后　角 α_f
铸　铁		HB	160~180	10°	棱体型	12°~17°
			180~220	5°		
			>220	0°		
青　铜				0°		
黄铜	H62			0°~5°	平体型	25°~30°
	H68			10°~15°		
	H80~H90			15°~20°		
铝、紫铜				25°~30°		
铅黄铜 HPb59-1				0°~5°		
黄铝铜 HA159-3-2						

注：① 本表仅适用于高速钢成形车刀,如为硬质合金成形车刀,加工钢料时,可取表中数值减去 5°。
② 如工件为正方形、六角形棒料时,γ_f 值应减小 2°~5°。

3.4　成形车刀的样板

成形车刀的廓形一般都是用样板检验,而成形车刀的样板应成对设计和制造。其中一块是工作样板,用于检验成形车刀的廓形;另一块是校验样板,用于检验工作样板的磨损情况。因此,成形车刀的廓形尺寸一般不在刀具工作图上标注,而是在样板图上详细标定。在样板图上还需注明其名称和功用。

成形车刀样板的廓形与成形车刀廓形(包括附加刀刃)完全相同,尺寸标注基准应是刀具廓形的尺寸标注基准,即工件廓形表面精度要求最高的表面。样板公差可按表 3.6 和表 3.7 选取,附加切削刃部分公差可取大些。样板工作表面的粗糙度一般为 $Ra=0.1$,其余表面为 $Ra=0.8$。

表 3.6　成形车刀样板的角度公差

倾斜刀刃的长度/ mm　　公　差	1~5	6~10	10~18	18~30	30~35	>50
廓形表面角度公差	10′	6′	4′	3′	2′	1′20″
非廓形表面角度公差	6°	5°	4°	3°	2°	1°20′

注：表中所列公差值,其偏差为对称分布。

样板材料一般选用经过表面渗碳淬火的低碳钢(如 20 钢、20Cr),硬度 HRC 为 56~62,也可用碳素工具钢(如 T8A、T10A)来制造。样板的厚度一般为 1.5~2 mm,边角处的圆弧半径 $r=2~3$ mm。为了测量时手持样板方便,样板沿廓形深度方向的总长度一般不小于 30 mm。样板边角上钻有工艺小孔,以便样板热处理和存放时穿挂。小孔中心到两端面的距离一般为 4~6 mm,直径 d_0 一般为 3~5 mm。廓形表面转角处钻有工艺小孔或锯出缺口,以保证廓形的密合,也可避免在热处理时开裂。

表 3.7　成形车刀样板的尺寸公差

公　差　类　别		工　件　廓　形　尺　寸　公　差			
		~0.30	0.30 ~0.50	0.50 ~0.80	>0.80
工作样板制造公差		0.025	0.040	0.060	0.100
工作样板磨损公差		0.020	0.030	0.040	0.050
校验样板公差		0.012	0.020	0.030	0.050
校验样板与工作样板的密合缝隙	新 制 造	0.025	0.040	0.060	0.100
	磨 损 后	0.045	0.060	0.085	0.125

注：表中所列公差值,其偏差为对称分布。

3.5　成形车刀的技术条件

3.5.1　刀具材料、热处理和硬度

① 成形车刀通常用高速钢制造。圆体成形车刀除直径较大者以外,一般均为整体高速钢,而棱体成形车刀除整体式外,也可以做成焊接式的,即切削部分用高速钢,刀体部分用 45 钢或 40Cr(硬度 HRC 为 38 ~45)。

② 热处理硬度 HRC 为 63 ~66。

③ 成形车刀切削部分不应有脱碳点和软化点。

3.5.2　表面粗糙度

(1) 前、后刀面:$Ra = 0.2$。

(2) 基准表面:$Ra = 0.8$。

(3) 其余表面:$Ra = 1.6 ~3.2$。

3.5.3　成形车刀的尺寸公差

(1) 廓形公差:廓形公差按表 3.8 选取。

表 3.8　成形车刀的廓形公差　　(mm)

工件直径或宽度公差	刀具廓形深度公差	刀具廓形宽度公差
<0.12	0.020	0.040
0.12 ~0.20	0.030	0.060
0.20 ~0.30	0.040	0.080
0.30 ~0.50	0.060	0.100
>0.50	0.080	0.200

注：表中所列公差值,其偏差为对称分布。

(2) 棱体成形车刀尺寸公差。

① 两侧面对燕尾槽基准面的垂直度误差为在 100 mm 长度上不超过 0.02 ~0.03 mm。

② 廓形对燕尾槽基准面的平行度误差为在 100 mm 长度上不超过 0.02 ~0.03 mm。

③ 高度 H(图 3.1)的偏差取为 ±2 mm。

④ 宽度 L_0 和厚度 B(图 3.1)的偏差,如图中未注明时,可按 h_{11} 选取。

⑤ 楔角 β_f(为 $90° - \gamma_f - \alpha_f$)的制造偏差取为 ±10′~±30′。

⑥ 廓形角度偏差如图中未注明时,取为 ±1°。

(3) 圆体成形车刀尺寸公差。

① 外径 d_0 按 $h_{11} \sim h_{13}$ 选取;内孔 d 按 H6 ~ H8 选取;

② 前刀面对轴心线平行度误差在 100 mm 长度上不超过 0.15 mm;

③ 图中未注明的角度偏差为 ±1°;

④ 前刀面与刀具轴线的距离 h_e(图 3.6)的偏差为 ±0.1 ~ ±3.0 mm;

⑤ 刀具安装高度 H(图 3.6)的偏差为 -0.1 ~ -0.3 mm。

3.6　成形车刀刀夹及夹固结构

成形车刀大都通过刀夹实现与机床的连接,不同类型的成形车刀,其刀夹型式和夹固结构也不同,以下介绍两种常见的刀夹及夹固结构。

3.6.1　棱体成形车刀刀夹

棱体成形车刀常用燕尾斜块式夹固刀夹,其典型结构如图 3.10 所示,多用于自动车床。其工作原理如下。

刀夹体 2 与刀夹体垫 1 用两个带 T 形键的螺栓 3 固定于机床拖板上。棱体成形车刀 11 用活动燕尾斜块 12 和螺钉 14 压紧在刀夹体 2 的燕尾槽内,托架 8 紧固在刀夹体 2 上,依靠调整螺钉 10 支撑棱体成形车刀 11,增加夹持的刚性。成形车刀的装刀高度通过对刀样板 9 与托架 8 上的调节螺钉 10 来调整。拧动刀夹体 2 两侧的调节螺钉 13,使刀夹体 2 连同成形车刀 11 绕定位销 5 转动,实现微调,以调整成形车刀 11 安装基准面 $K-K$ 与工件轴线的平行度。此结构调整迅速、可靠,且刚度较高,故应用较多,但制造较复杂。典型结构尺寸见表 3.9。

表 3.9　燕尾斜块式夹固刀夹典型结构尺寸　　(mm)

机床型号		C2420-6 C2432-4			C2132-6D C2150-6D C2150-4D C2216-6				C2163-6 C2220-6			
主要尺寸	A	55			60				70			
	C	20	30	40	20	30	40	60	20	30	40	60
	B	46	56	66	46	56	66	80	46	56	66	80
	D	70			80				90			
	L_1	152			58				186			
	d_w	32			50				63			

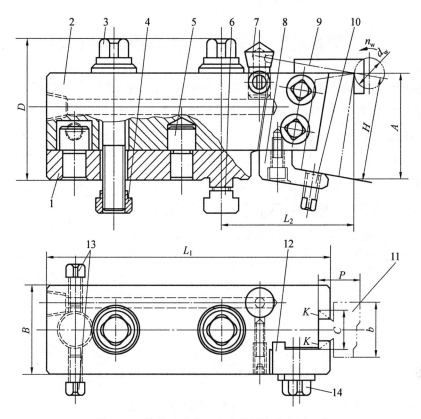

图 3.10 棱体成形车刀的燕尾斜块式夹固刀夹

1—刀夹体垫;2—刀夹体;3—螺栓;4、6—T 形键;5—柱销;

7—冷却管接口;8—托架;9—对刀样板;10、13—调节螺钉;11—成形车刀;

12—活动燕尾斜块;14—紧固螺钉

3.6.2 圆体成形车刀刀夹

圆体成形车刀典型的刀夹结构及夹固形式如图 3.11 所示。圆体成形车刀刀夹的结构刚度不如棱体成形车刀,故大切深、大直径工件的成形表面加工常用棱体成形车刀。

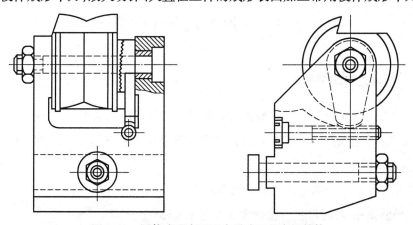

图 3.11 圆体成形车刀双支承式刀具夹固结构

3.7　圆弧成形表面成形车刀廓形的简化设计

当工件成形表面是圆弧形时,由于前角和后角的存在,与之对应的成形车刀廓形已不是圆弧形。但在圆弧形状精度要求不高时,为设计制造简便起见,仍以圆弧作为刀具廓形,不过其半径将增大,如图 3.12 所示。

图 3.12 中 1-2-3 表示工件的圆弧,半径为 r,中心在 O 处,廓形深度为 a_p。用计算方法可求得刀具廓形深度 P 及点 2′,通过 1、2′、3 三点可做圆弧,其半径 R 即为刀具廓形曲线用圆弧代替的近似值。R 及其中心 O_c 之位置,可从 $\triangle OA3$ 及 $\triangle O_cA3$ 中求出。

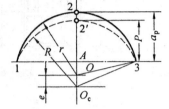

图 3.12　用近似圆弧代替曲线法

因为
$$\sqrt{r^2-(r-a_p)^2}=\sqrt{R^2-(R-P)^2}$$

解之得
$$R=\frac{2ra_p+P^2-a_P^2}{2P} \tag{3.5}$$

当工件的廓形深度 a_p 等于半径 r 时,则 O 点与 A 点重合,这时
$$R=\frac{a_p^2+P^2}{2P} \tag{3.6}$$

刀具与工件两者圆弧中心之间的距离 a 可按下式求出
$$a=R-r+a_p-p \tag{3.7}$$

如 $a_p=r$,则
$$a=R-p \tag{3.8}$$

3.8　成形车刀设计举例

3.8.1　圆体成形车刀的设计

例　工件如图 3.13 所示,工件材料为易切钢 Y15,圆棒料,直径 $\phi32$ mm,大批量生产,用成形车刀加工出全部外圆表面并切出预切槽。使用 C1336 单轴转塔自动车床。

设计步骤如下:
(1)选择刀具材料。选用普通高速钢 W18Cr4V。
(2)选择前角 γ_f 和后角 α_f。由表 3.5 查得 $\gamma_f=15°$,$\alpha_f=10°$。
(3)画出刀具廓形(包括附加刃)计算图(图 3.14)、根据前述附加刃的取法,倒角部分附加切削刃(图 3.12 中 1-8 段)的主偏角与倒角角度同为 45°,预切槽部分附加切削刃(图 3.14 中 7-11、12-13 段)的主偏角 $\kappa_r = 20°$,$a = 3$ mm,$b = 1.5$ mm,$c = 6$ mm,$d = 0.5$ mm,画出刀具廓形(包括附加切削刃)计算图(图 3.14),标出工件廓形各组成点 1 ~ 12。将最接近工件轴线的切削刃作为基准线(图中 9-10 段),记为 0-0 线,计算出 1 ~ 12 各点处的计算半径 r_{jx}(为避免尺寸偏差对计算准确性的影响,故常采用计算尺寸,即计算半径、长度和角度)。其计算式为

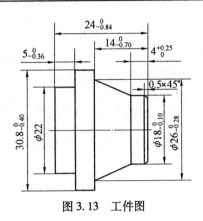

图 3.13　工件图

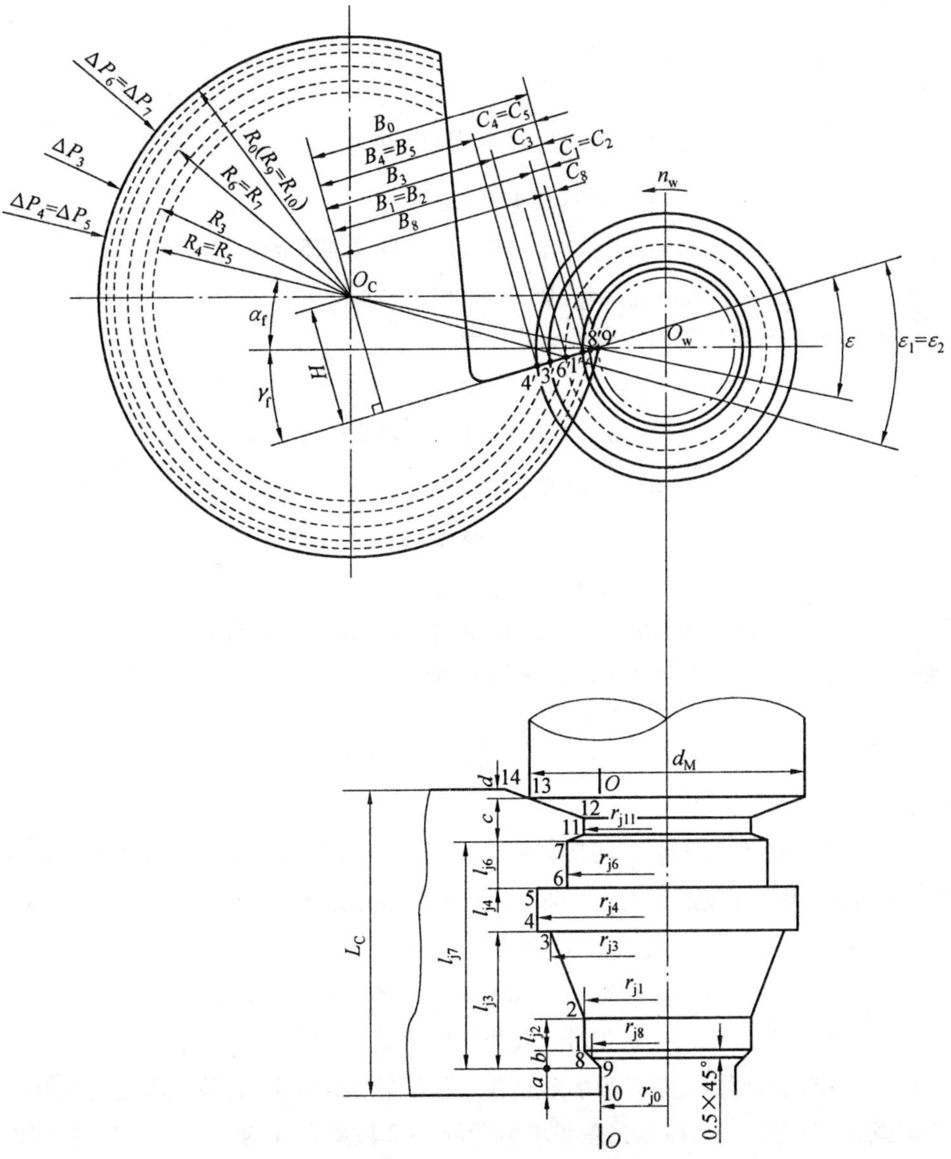

图 3.14　圆体成形车刀廓形计算图

计算半径 r_{jx} = 基本半径 $r_x \pm \dfrac{\text{半径公差}}{2}$（"±"根据公差值符号取）

计算长度 l_{jx} = 基本长度 $l_x \pm \dfrac{\text{长度公差}}{2}$（"±"根据公差值符号取）

计算角度 θ_{jx} = 基本角度 $\theta_x \pm \dfrac{\text{角度公差}}{2}$（"±"根据公差值符号取）

本题中各点的计算半径为

$$r_{j1}=r_{j2}=\frac{18-0.1/2}{2}=9-0.1/4=8.975 \text{ mm}$$

$$r_{j3}=\frac{26-0.28/2}{2}=13-0.28/4=12.930 \text{ mm}$$

$$r_{j4}=r_{j5}=\frac{30.8-0.4/2}{2}=15.300 \text{ mm}$$

$$r_{j6}=r_{j7}=\frac{22-0/2}{2}=11.000 \text{ mm}$$

$$r_{j8}=r_{j1}-0.5=8.475 \text{ mm}$$

$$r_{j9}=r_{j10}=r_{j0}=r_{j1}-(0.5+1.0)=7.475 \text{ mm}$$

$$r_{j11}=r_{j12}=r_{j6}-0.5/\tan 20°=9.626 \text{ mm}$$

再以点 1 为基准点计算出各点的计算长度

$$l_{j2}=(4-0.5)+0.25/2=3.63 \text{ mm}$$

$$l_{j3}=l_{j4}=(14-0.5)-0.70/2=13.15 \text{ mm}$$

$$l_{j6}=5-0.36/2=4.82 \text{ mm}$$

$$l_{j7}=(24-0.5)-0.84/2=23.08 \text{ mm}$$

（4）计算切削刃总宽度 L_c，并检验 $L_c/d_{\min}$ 之值

$$L_c=l_{j7}+a+b+c+d=23.08+3+1.5+6+0.5=34.08 \text{ mm}$$

取 $L_c=34$，$d_{\min}=2r_{j8}=2×8.475=16.95 \text{ mm}$，则

$$\frac{L_c}{d_{\min}}=34/16.95≈2<2.5$$

满足要求。

（5）确定结构尺寸。应使 $d_0=2R_0>2(A_{\max}+e+m)+d$（图 3.6），由表 3.3 查得 C1336 单轴转塔自动车床所用圆体成形车刀 $d_0=68 \text{ mm}$，$d=16 \text{ mm}$，又已知毛坯半径为 16 mm，则 $A_{\max}=16-r_{j8}=16-8.475≈7.5 \text{ mm}$，代入上式，计算得

$$(e+m) \leqslant R_0-A_{\max}-d/2=34-7.5-8=18.5 \text{ mm}$$

可选取 $e=10 \text{ mm}$，$m=8 \text{ mm}$，并选用带销孔的结构形式。

（6）用计算法求圆体成形车刀廓形上各点所在圆的半径 R_x（计算过程见表 3.10）。

标注廓形径向尺寸时，应选公差要求最严的 1-2 段廓形作为尺寸标注基准，其他各点的径向尺寸用廓形深度 ΔR 表示，ΔR 的计算见表 3.10。

表 3.10　圆体成形车刀廓形计算表

$$h_c = R_0\sin(\gamma_f + \alpha_f) = 34\sin(15°+10°) = 14.369\ 02$$

$$B_0 = R_0\cos(\gamma_f + \alpha_f) = 34\cos(15°+10°) = 30.814\ 46$$

廓形组成点	r_{jx}	$\gamma_{fx}=\arcsin\left(\dfrac{r_{j0}}{r_{jx}}\sin r_f\right)$	$C_x=\dfrac{r_{jx}\cos\gamma_{fx}-r_{j0}}{\cos\gamma_f}$	$B_x=B_0-C_x$	$\varepsilon_x=\arctan\left(\dfrac{h_c}{B_x}\right)$	$R_x=\dfrac{h_c}{\sin\varepsilon_x}$ (取值精度0.001)	$\Delta R=(R_1-R_x)\pm\delta$ (取值精度0.01)
9,10（作为0点）	7.475						$\Delta R_0 = 32.607-34\pm0.1 = -1.39\pm0.1$
1,2	8.975	$\gamma_{f1}=\arcsin\left(\dfrac{7.475}{8.975}\sin15°\right)=12.448\ 52°$	$C_1=8.975\times\cos12.448\ 52-7.475\cos15°=1.543\ 70$	$B_1=30.814\ 46-1.543\ 70=29.270\ 76$	$\varepsilon_1=\arctan\left(\dfrac{14.369\ 02}{29.270\ 76}\right)=26.146\ 43°$	$R_1=\dfrac{14.369\ 02}{\sin26.146\ 43°}=32.607$	0
3	12.930	8.605 29°	5.564 14	25.250 32	29.642 60°	29.052	3.56±0.02
4,5	15.300	7.264 45°	7.956 89	22.857 57	32.154 82°	27.000	5.61±0.03
6,7	11.000	10.129 83°	3.608 23	27.206 23	27.840 86°	30.768	1.84±0.1
8	8.475	13.195 82°	1.030 92	29.783 54	25.754 91°	33.069	-0.46±0.1
11,12	9.626	11.594 51°	2.209 28	28.605 18	26.671 40°	32.011	0.60±0.1

注：表中只以点 1（同点 2）为例，说明圆体成形车刀半径 R_1 的详细计算过程，其他各点计算过程从略，只给出各步骤的计算结果。ΔR 则以点 9、10 为例计算。

（7）根据表 3.8 可确定各点廓形深度 ΔR 的公差 δ，其值列于表 3.10。

（8）校验最小后角。3-4、5-6 两段切削刃的方向与进给方向相同，主后角为 0°，刀具与工件摩擦严重，为改善切削状况，在这两段切削刃处磨出 1°30′ 的副偏角。

除此之外，7-11 段切削刃与进给方向的夹角最小，因而这段切削刃上主后角最小，其值为

$$\alpha_{o11} = \arctan(\tan\alpha_{f11}\sin\kappa_{r11}) = \arctan[\tan(\varepsilon_{11}-\gamma_{f11})\sin20°] =$$
$$\arctan[\tan(26.67°-11.59°)\sin20°] = 5.27°$$

一般要求最小后角不小于 2°~3°，因此校验合格。

（9）车刀廓形宽度 l_x 即为相应的工件廓形的计算长度 l_{jx}，其数值和公差为（公差值按表 3.8 确定，表中未列出者，可酌情取为 ±0.2 mm）

$$l_2 = l_{j2} = 3.63\pm0.04\text{ mm}$$
$$l_3 = l_4 = l_{j3} = l_{j4} = 13.15\pm0.10\text{ mm}$$
$$l_5 = l_6 = l_{j5} = l_{j6} = 4.82\pm0.05\text{ mm}$$
$$l_7 = l_{j7} = 23.08\pm0.1\text{ mm}$$
$$l_8 = l_{j8} = 0.5\pm0.2\text{ mm}$$

（10）画出圆体成形车刀工作图和样板工作图（图 3.15 和图 3.16）。图 3.16 中样板公差是按表 3.6 和表 3.7 确定的，图中标注的为校验校板公差。

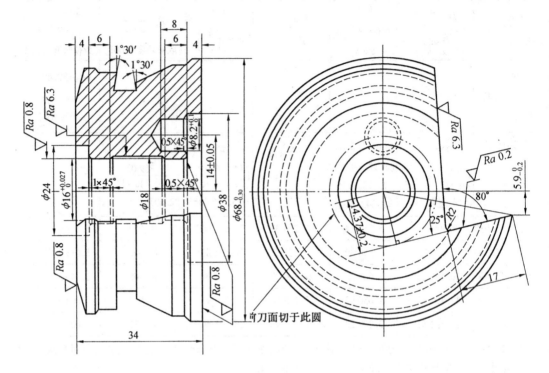

技 术 条 件

1. 刀具材料 W18Cr4V, 热处理硬度63~66HRC;
2. 廓形按样板制造, 表面粗糙度不大于 Ra 0.2 μm。

其余 $\sqrt{Ra\,1.6}$

图 3.15　圆体成形车刀工作图

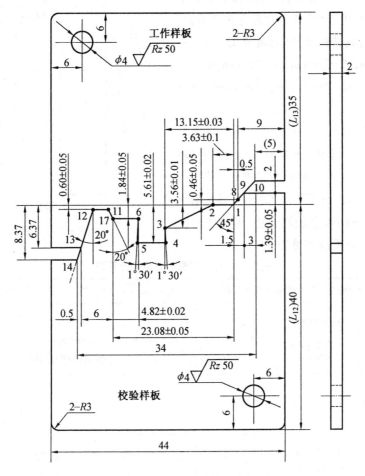

图 3.16　圆体成形车刀样板

3.8.2　棱体成形车刀的设计

例　工件如图 3.17 所示,其他条件和圆体成形车刀设计的条件相同。

设计步骤如下:

(1)选择刀具材料。选用普通高速钢 W18Cr4V 整体制造。

(2)前角 γ_f 和后角 α_f 的选择。由表 3.5 查得 $\gamma_f = 15°$, $\alpha_f = 12°$。

(3)用和圆体成形车刀相同的方法,确定附加切削刃的尺寸,然后用放大比例画出刀具廓形计算图(图 3.18),标出工件廓形及附加刃上各组成点1～14。工件上廓形 3～5 段是圆弧,当圆弧精度要求不高时,可在圆弧上取 3 个点进行近似圆弧代替(代替方法参见 3.7 节)。

(4)确定刀具结构尺寸(参考表 3.1)。

$L_c = 34$ mm,$H = 75$ mm,$F = 25$ mm,$B = 25$ mm,$E = 9.2$ mm,$d' = 8$ mm,$f = 8$ mm,$M = 37.62_{-0.12}^{0}$ mm。

(5)用计算法求出 $N—N$ 剖面内刀具廓形上各点至点 9、10(零点)所在后刀面的垂直距离 P_x,之后选择 1-2 段廓形为基准线(其原因与圆体成形车刀设计相同),计算出刀具廓形上各点到该基准线的垂直距离 ΔP_x,即为所求的刀具廓形深度(计算过程见表 3.11)。

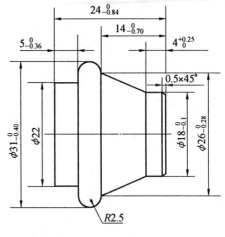

图 3.17　工件图

表 3.11　棱体成形车刀廓形计算表

廓形组成点	r_{jx}	$\gamma_{fx} = \arcsin\left(\dfrac{h}{r_{jx}}\right)$	$A_x = r_{jx}\cos\gamma_{fx}$	$C_x = A_x - A_0$	$P_x = C_x\cos(\gamma_f+\alpha_f)$ (取值精度 0.001)	$\Delta P_x = (P_x - P_1) \pm\delta$ (取值精度 0.01)
9、10 (作为 0 点)	7.475					$\Delta P_0 = -P_1 =$ -1.38 ± 0.1
1,2	8.975	$\gamma_n = \arcsin\left(\dfrac{1.93467}{8.975}\right) =$ 12.448 51°	$A_1 = 8.975$ cos 12.448 51° = 8.764 00	$C_1 = 8.764\,00$ $-7.220\,30 =$ $1.543\,70$	$P_1 = 1.543\,70$ cos(15°+12°) = 1.375	0
3,5	12.930	8.695 28° 8.695 28°	12.784 44	5.564 14	4.958	$\Delta P_3 = 4.958 -$ $1.375 =$ 3.58 ± 0.02
4	15.400	7.217°	15.277 992	8.057 69	7.179 456	5.80±0.03
6,7	11.000	10.129 82°	10.828 53	3.608 23	3.215	1.84±0.1
8	8.475	13.195 81°	8.251 22	1.030 92	0.919	−0.46±0.1
11,12	9.626	11.594 49°	9.429 58	2.209 28	1.968	0.59±0.1

表头上方：$h = r_{j0}\sin\gamma_f = 7.475\sin 15° = 1.934\,67$　　$A_0 = r_{j0}\cos\gamma_f = 7.475\cos 15° = 7.220\,30$

注:① 表中只以点 1(同点 2)为例,说明棱体成形车刀 P_1 的详细计算过程,其他各点的计算过程从略,只给出各步骤的计算结果。ΔP 则以点 3 为例计算。

　　② ΔP 的公差是根据表 3.8 决定的。

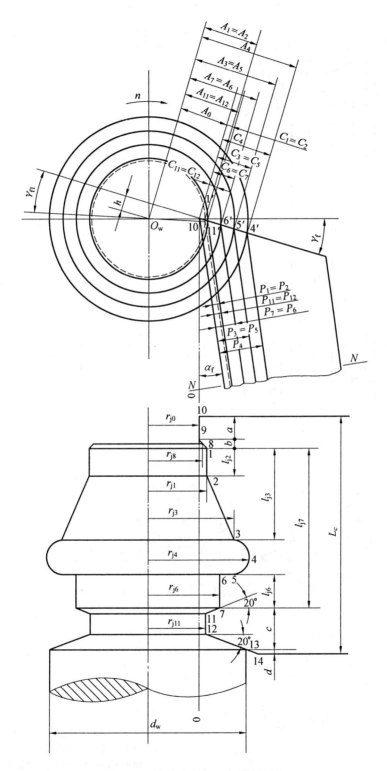

图 3.18　棱体成形车刀廓形计算图

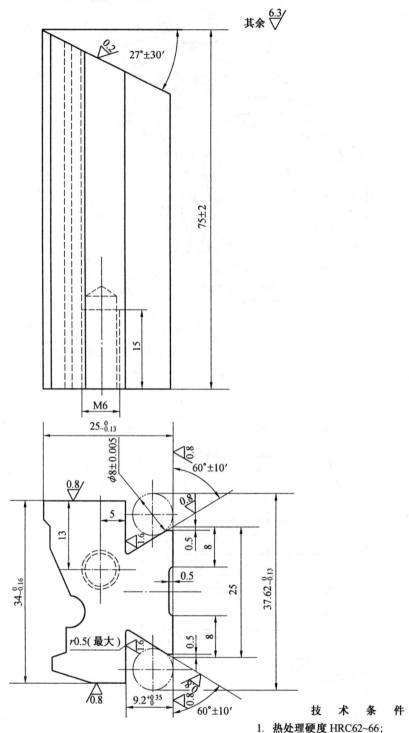

技 术 条 件

1. 热处理硬度 HRC62~66；
2. 廓形表面按样板制造，表面粗糙度 Ra 0.2。

图 3.19　棱体成形车刀

（6）根据表 3.8 可确定各点 P_x 公差 S,其值见表 3.11。

（7）校验最小后角(与圆体成形车刀设计相同)〔略〕。

（8）确定棱体成形车刀廓形宽度 l_x(与圆体成形车刀设计相同)〔略〕。

（9）确定刀具的夹固方式:采用燕尾斜块式。

（10）绘制棱体成形车刀和样板工作图,如图 3.19 和图 3.20 所示。

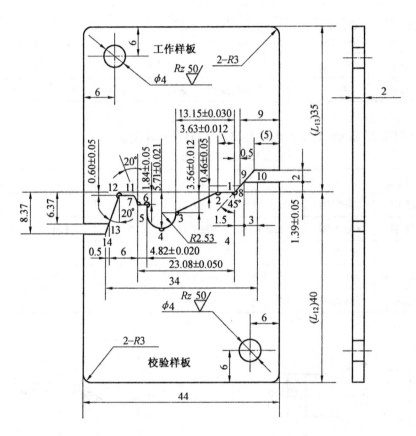

技 术 条 件

1. 材料 20 钢,渗碳淬火 HRC56~62;

2. 廓形表面粗糙度 Ra 0.1;

3. 未注明角度偏差为±5′。

图 3.20　棱体成形车刀样板

3.9　成形车刀设计题选

例1　工件如图 3.21 所示,其尺寸见表 3.12,试设计成形车刀。

表 3.12　工件尺寸　（mm）

题号	工件材料	D_1	D_2	D_3	D_4	l_1	l_2	l_3	L	热处理状态
1	35 钢	$\phi 31.9_{-0.41}^{0}$	$\phi 22$	$\phi 26_{-0.28}^{0}$	$\phi 18$	4	14	4	24	调质
2	35 钢	$\phi 34 \pm 0.1$	$\phi 25$	$\phi 28 \pm 0.2$	$\phi 20$	5	14	4	25	调质
3	35 钢	$\phi 40 \pm 0.2$	$\phi 26$	$\phi 30 \pm 0.1$	$\phi 26$	4	20	4	28	调质
4	35 钢	$\phi 20_{-0.2}^{0}$	$\phi 16$	$\phi 24 \pm 0.1$	$\phi 18$	3	16	3	25	调质
5	35 钢	$\phi 42 \pm 0.1$	$\phi 30$	$\phi 28 \pm 0.05$	$\phi 30$	4	14	4	24	调质

工件如图 3.22 所示,其尺寸见表 3.13,试设计成形车刀。

表 3.13　题工件尺寸　（mm）

题号	工件材料	D	R	L	l_1	A	热处理状态
6	45 钢	30 ± 0.08	12 ± 0.1	30 ± 0.1	5	1.6	调质
7	35 钢	40 ± 0.05	12 ± 0.05	30 ± 0.1	5	1.6	调质
8	40Cr	40 ± 0.05	13 ± 0.05	32 ± 0.1	5	1.6	调质
9	HT20 ~ 40	40 ± 0.1	14 ± 0.5	40 ± 0.1	8	3.2	调质
10	40Cr	30 ± 0.05	14 ± 0.05	32 ± 0.1	5	1.6	调质

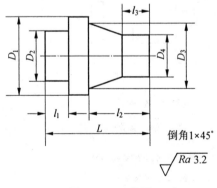

图 3.21　工件图

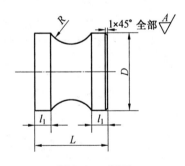

图 3.22　题图

第四章 拉刀设计

4.1 概述

4.1.1 拉削及其特点

拉刀是一种多齿、精加工刀具,拉削时利用拉刀的直线运动,由拉刀上许多逐渐增大尺寸的刀齿,一层一层地依次从工件上切下很薄的金属层,以获得所需要的加工表面。从切削性质上看,拉削可看作是创削加工形式的衍化。

拉刀是常用的非标准刀具之一,拉削的切削速度虽然不高,但是同时工作的齿数多,拉刀每齿的切削刃长,一次行程就可以完成粗精加工,因此生产率比较高。拉刀在成批大量生产中应用比较广泛。

与其他切削方式比较,拉削有以下特点:①加工精度高,加工表面质量好;②加工效率高;③刀具使用寿命长;④机床较为简单;⑤切削力大;⑥需考虑足够容屑空间等。

4.1.2 拉刀种类及用途

拉刀按结构可分为整体拉刀和组合拉刀。按加工表面可分为内拉刀和外拉刀。内拉刀用于加工内表面,如图4.1和图4.2所示。内拉刀加工工件的预制孔通常为圆形,经各齿拉削,逐渐加工出所需内表面形状。键槽拉刀拉削时,为了保证键槽在孔中位置的精度,将工件套在导向心轴上定位,拉刀与心轴槽配合并在槽中移动。槽底面上可放垫片,用于调节键槽深度和补偿拉刀重磨后刀齿高度的变化量。

(a)圆孔拉刀

(b)花键孔拉刀

(c)长方孔拉刀

图4.1 各种内拉刀

外拉刀可用于加工工件表面,如图4.3和图4.4所示。大部分外拉刀采用组合式结构。外拉刀的刀体结构主要取决于拉床形式,为便于刀齿的制造,一般做成长度不大的刀块(图

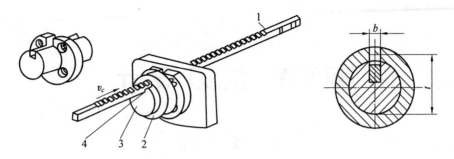

图 4.2 键槽拉刀

1—键槽拉刀;2—工件;3—心轴;4—垫片

4.3)。为提高生产效率,也可采用拉刀固定不动,被加工工件装在链式传动带的随行夹具上做连续运动而进行拉削(图 4.4)。生产中有时还采用回转拉刀,图 4.5 是加工直齿锥齿轮齿槽的圆拉刀盘。

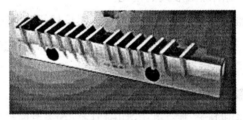

图 4.3 外拉刀

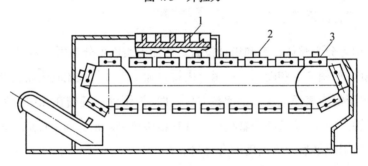

图 4.4 链式传送带连续拉削

1—拉刀;2—工件;3—链式传送带

拉刀一般是在拉应力状态下工作,若在压应力下工作,则被称为推刀(图 4.6)。为了避免推刀在工作中弯曲,推刀齿数较少,长度也较短(长径比一般不超过 12～15),主要用于加工余量较小,或者矫正经热处理后工件的变形和孔缩。

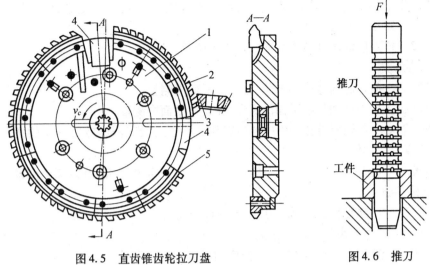

图4.5 直齿锥齿轮拉刀盘
1—刀体;2—精切齿组;3—工件;
4—装料、倒角位置;5—粗切齿组

图4.6 推刀

4.1.3 拉刀结构组成

4.1.3.1 拉刀的组成部分

拉刀的种类虽然很多,刀齿形状各异,结构也各不相同,但是它们的组成部分仍有共同之处。我们以图4.7为例对圆孔拉刀的组成部分进行说明。

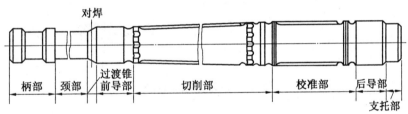

图4.7 圆孔拉刀的组成部分

(1)柄部。由拉床的夹头夹住,传递拉力,带动拉刀运动。

(2)颈部。用来连接柄部与气候各部分,便于柄部穿过拉床的挡壁,其长度与机床结构有关,也是打标记的地方。

(3)过渡锥。引导拉刀逐渐进入工件孔中,并起到对准中心的作用。

(4)前导部。前导部用于导向和防止拉刀进入工件孔后发生偏斜,并可以检查拉削前预制孔尺寸是否符合要求。

(5)切削部。担负全部加工余量的切除工作,由粗切齿、过渡齿和清切齿组成,其刀齿直径尺寸自前往后逐渐增大,最后一个切削齿的直径应保证被拉削的孔获得所要求的尺寸。

(6)校准部。校准部由几个直径相同的刀齿组成,其直径基本上等于拉削后的孔径,起修光和校准作用,亦可做精切齿的后备齿。

(7)后导部。保持拉刀最后的正确位置,防止拉刀刀齿在切离工件后,因自重下垂而损坏已加工表面或刀齿。

（8）支托部,对长而重的拉刀起支撑托起作用,利用尾部与支架配合,防止拉刀自重下垂,并可减轻装卸拉刀的劳动强度。

4.1.3.2　拉刀切削部分结构要素如图 4.8 所示。

（1）几何角度

① 前角 γ_o。前刀面与基面的夹角,在正交平面内测量。

② 后角 α_o。后刀面与切削平面的夹角,在正交平面内测量。

③ 主偏角 κ_r。主切削刃在基面中的投影与进给方向（齿升量测量方向）的夹角在基面内测量。除成形拉刀外,各种拉刀的主偏角多为 90°。

④ 副偏角 κ_r'。副切削刃在基面中的投影与已加工表面的夹角,在基面内测量。

（2）结构参数

① 齿升量 a_f。拉刀前后相邻两刀齿或齿组之差。

② 齿距 p。相邻刀齿间的轴向距离。

③ 容屑槽深度 h。从顶刃到容屑槽槽底的距离。

④ 齿厚 g。从切削刃到齿背棱线的轴间距离。

⑤ 齿背角 θ。齿背与切削平面的夹角。

⑥ 刃带宽度 b_α。沿拉力刀齿轴向测量的刃带尺寸。

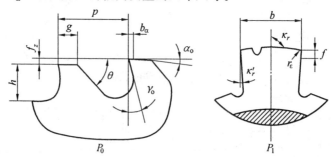

图 4.8　拉刀切削部分要素

4.2　拉刀设计过程

拉刀设计过程中,首先要根据被加工材料来选择合理拉刀。一般情况下,拉削韧性较大的金属材料时选用综合式拉刀。综合式拉刀刀体较短,适用于拉削碳钢和低合金钢。拉削精度和表面质量也不低于其他拉削方式,且拉刀耐用度较高。而拉消韧性较低的脆性材料（如铸铁）时常选用分层式拉刀。拉刀工作部分是拉刀的重要组成部分。

4.2.1　确定拉削图形

拉削图形可分为分层式、分块式和综合式三种。目前我国圆孔拉刀多采用综合式拉削。

① 分层式拉削是一层层地切去加工余量,根据工件已加工表面形成过程的不同,可分为成形式和渐成式两种。

成形式也称同廓式,如图 4.9,此种拉刀刀齿的廓形与被加工表面的最终形状相同,工件最终尺寸则由拉刀最后一个切削尺寸决定。采用成形式加工圆孔、平面等形状简单的工件表面时,由于刀齿廓形简单、制造容易等优点得到了广泛应用。若工件形状复杂,采用成形式拉削时拉刀制造困难,需要采用渐成式拉削。

渐成式拉削的刀齿廓形与工件最终形状不同,如图 4.10 所示。工件最终形状的尺寸由各刀齿的副切削刃逐渐切成。因此,刀齿可制成简单的圆弧和直线形,拉刀制造容易,但是工件加工后的表面粗糙度不佳。

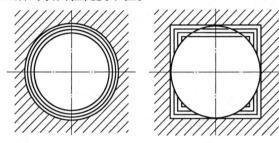 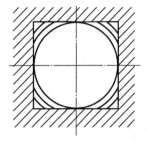

图 4.9 成形式拉削图形 　　　　 图 4.10 渐成式拉削图形

② 分块式(轮切式)拉削时,工件的每一层金属都是由一组刀齿切去,并且其中每个刀齿仅仅切去每一层金属的一部分。其特点是切削厚度较大,而切削宽度较窄,因而单位切削力小,在保持拉削力相同时,可以加大拉削面积。在拉削余量一定的情况下,拉刀齿数可以减少,拉刀可缩短,便于拉刀制造,拉削效率也得到提高。由于切削厚度大,工件表面粗糙度较大。如图 4.11 所示。

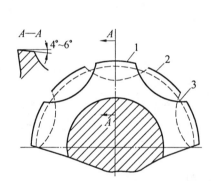 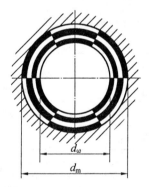

图 4.11 拉刀刀齿和拉削图形

③ 综合式拉削集中了分块式拉削和分层式拉削各自的优点,粗切齿采用不分块式拉削,精切齿采用成形拉削,既保持较高的生产效率,又能获得较好的表面质量。我国的圆孔拉刀多采用这种拉削方式。如图 4.12 所示。

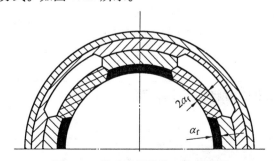

图 4.12 综合式圆孔拉刀拉削图形

4.2.2　确定拉削余量 A

拉削余量是拉刀各刀齿应切除金属层厚度的总和。应在保证去除前道工序造成的加工误差和表面破坏层前提下,尽量使拉削余量减小,缩短拉刀长度。拉削余量也可以根据被拉孔的直径、长度和预制孔加工情况查表确定,见表4.1。

表4.1　拉削余量的计算　（mm）

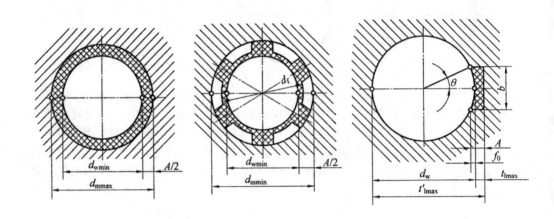

孔　形	预制孔	余 量 计 算 公 式	备　注
圆　孔	钻　孔	$A = 0.005d_m + (0.1 \sim 0.2)\sqrt{l}$	l——拉削长度(拉削后); d_m——被拉孔直径; d_w——预制孔直径
	扩　孔	$A = 0.005d_m + (0.075 \sim 0.1)\sqrt{l}$	
	镗　孔	$A = 0.005d_m + (0.05 \sim 0.1)\sqrt{l}$	
花键孔		$A = d_{mmax} - d_{mmin}$ 若 $d_w = d_f$ 只拉花键齿 若 $d_w < d_f$,既拉圆孔,又拉花键 即拉刀为复合拉刀	
键　槽		$A = t'_{lmax} - d_{mmin} + f_0$ 式中 $d_m = d_w$ $f_0 = 0.5d_m(1 - \cos\theta)$ $\sin\theta = \dfrac{b}{d_m}$	

注:在工艺条件允许下,圆孔的拉削余量尺寸取小值。

4.2.3　几何参数

拉刀前角的推荐值见表4.2,后角见表4.3。

表4.2　拉刀刀齿前角及倒棱

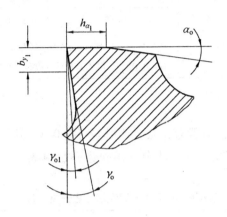

工　件　材　料		前　角　γ_o	精切齿与校准齿倒棱前角 γ_{o1}	倒棱宽度 b_{γ_1}/mm
钢	≤197HBS	16°~18°	5°	0.5~1.0
	198~229HBS	15°		
	>229HBS	10°~12°		
铸铁	≤180HBS	8°~10°	-5°	
	>180HBS	5°		
可锻铸铁		10°	5°	0.5~1.0
铜、铝及镁合金,巴氏合金		20°	20°	
青铜,(铝)黄铜		5°	-10°	
一般黄铜		10°	-10°	
不锈铜,耐热奥氏体铜		20°		

注:①前刀面可用倒棱,也可不用,若用倒棱,仅在校准齿上用,可提高拉刀的尺寸耐用度。

②加工钢料的圆孔拉刀,当 d_m<mm 时,允许减小前角到 γ_o=8°~10°。

表4.3 拉刀后角的选择(参见表4.2图)

拉 刀 类 型	粗 切 齿		精 切 齿		校 准 齿	
	α_o	b_{α_1}/mm	α_o	b_{α_1}/mm	α_o	b_{α_1}/mm
圆拉刀		≤0.2	2°	0.3		0.3~0.8
花键拉刀	2°30′~4°	0.05~0.15	1°30′	0.05~0.2	1°	0.5~0.7
键槽拉刀		0.3	2°	0.3~0.5	2°	0.6~1.0
拉削耐热合金的内拉刀	3°~5°	0~0.05	取稍大于校准齿后角值	取稍大于粗切齿刃带宽值	2°~3°	—
拉削钛合金的内拉刀	5°~7°	0~0.05			2°~3°	—

4.2.4 齿升量

一般取过渡齿和精切齿齿数为5~8。齿升量可按$0.8a_f$、$0.6a_f$、$0.5a_f$、…、$0.1a_f$、$0.05a_f$逐齿递减,但不得小于0.005 mm。其中分层式齿升量见表4.4、4.5,轮切式齿升量见表4.6、4.7。

表4.4 分层式拉刀粗切齿齿升量 (mm)

拉 刀 类 型	被 加 工 材 料								
	碳钢和低合金钢			高合金钢		铸 铁		铝	青铜黄铜
	σ_b<0.50 GPa	σ_b=0.5~0.75 GPa	σ_b>0.75 GPa	σ_b>0.80 GPa	σ_b>0.80 GPa	灰铸铁	可锻铸铁		
圆孔拉刀	0.015~0.020	0.025~0.03	0.015~0.025	0.025~0.03	0.010~0.025	0.03~0.08	0.05~0.1	0.02~0.05	0.05~0.12
矩形花键拉刀	0.04~0.06	0.05~0.08	0.03~0.06	0.04~0.06	0.025~0.05	0.04~0.10	0.05~0.1	0.02~0.10	0.05~0.12
三角和渐开线花键拉刀	0.03~0.05	0.04~0.06	0.03~0.06	0.03~0.05	0.02~0.04	0.04~0.08	0.05~0.08	—	
槽拉刀和键槽拉刀	0.05~0.15	0.05~0.2	0.05~0.12	0.05~0.12	0.05~0.10	0.06~0.20	0.06~0.20	0.05~0.08	0.08~0.20
矩形拉刀、平拉刀	0.03~0.12	0.05~0.15	0.03~0.12	0.03~0.12	0.03~0.10	0.06~0.20	0.05~0.15	0.05~0.08	0.06~0.15
成形拉刀	0.02~0.05	0.03~0.06	0.02~0.05	0.02~0.05	0.02~0.04	0.03~0.08	0.05~0.1	0.02~0.05	0.05~0.12
四方、六方拉刀	0.015~0.08	0.02~0.15	0.015~0.12	0.015~0.10	0.015~0.08	0.03~0.15	0.05~0.15	0.02~0.10	0.05~0.20
综合轮切式圆孔拉刀	0.03~0.06	—	—	—	—	—	—	—	—

注:① 加工表面粗糙度要求较高时,齿升量取小值。

②工件材料的加工性较差时,齿升量取小值。

③对于小截面、低强度的拉刀,齿升量取小值。

④工件刚度低时(如薄壁筒等),齿升量取小值。

⑤应尽量避免采用大于0.15~0.20 mm的齿升量。

⑥小于0.015 mm的齿升量适用于精度要求很高或研磨得很锋利的拉刀。

⑦花键拉刀倒角齿齿升量可参照"槽拉刀和键槽拉刀"栏。

表4.5　分层式拉刀过渡齿、精切齿和校准齿齿数和齿升量

齿的类型	拉刀类型	孔加工精度	齿　　数	齿升量/mm
过渡齿	各种拉刀	H7～H13	3～5	逐齿递减
精切齿	各种拉刀	H7～H13	3～7	取 0.02、0.015、0.01、0.005
校准齿	圆孔拉刀	H7～H9	5～7	无齿升量
		H11	3～4	
		H12～H13	2～3	
	花键拉刀	H7～H13	4～5	
	键槽拉刀			
	方拉刀			

表4.6　轮切式拉刀粗切齿齿升量

圆　孔　拉　刀/mm

拉刀直径	<10	10～25	25～50	50～100	>100
齿升量	0.03～0.08	0.05～0.12	0.08～0.16	0.1～0.2	0.15～0.25

花键拉刀的花键齿及倒角齿

刀齿直径 mm	花键键数 N				刀齿直径 mm	花键键数 N			
	6	8	10	16		6	8	10	16
	齿升量 a_{fmax}/mm					齿升量 a_{fmax}/mm			
13～18	0.16	—	—	—	40～55	0.30	0.30	0.25	0.20
16～25	0.16	—	0.16	—	49～65	0.30	0.30	0.25	0.20
22～30	0.20	—	0.20	—	57～72	—	0.30	0.30	—
26～38	0.25	0.20	0.20	0.13	65～80	—	—	0.30	—
34～35	0.30	0.20	0.20	0.16	73～90	—	—	0.30	—

表 4.7　轮切式拉刀过渡齿和精切齿的加工余量、齿数及齿升量　（mm）

粗切齿齿升量 a_f	过渡齿		精切齿					
			拉削表面粗糙度 $Ra/\mu m$					
			$Ra \geqslant 3.2$			$Ra \geqslant 0.80$		
	齿升量	齿数（或齿组数）	单边余量	齿数（或齿组数）	齿升量	单边余量	齿数（或齿组数）	齿升量
$\leqslant 0.05$	—	—	—	—	均匀递减。但最后一齿齿升量不得小于0.015	0.02~0.03	1~3	均匀递减。但最后一齿齿升量不得小于0.005
>0.05~0.10	(0.4~0.6)a_f	$\geqslant 1$	0.03~0.05	1~2		0.035~0.07	3~5	
>0.10~0.20						0.07~0.10		
>0.20~0.30			0.06~0.08	2~3		0.10~0.16	6~8	

注：① 成组拉削的拉刀精切部分可以做成齿组，亦可每齿都有齿升量。

② 精切齿的较少齿数或齿组数用于粗切齿齿升量较小的情况下。

4.2.5　齿距及同时工作齿数

齿距及同时工作齿数见表 4.8。

表 4.8　拉刀齿距及同时工作齿数

齿　别	拉削条件/mm	齿距 p 计算式/mm	同时工作齿数 Z_e 计算式
粗　切　齿	$l \leqslant 30$	$p = (1.2 \sim 1.5)\sqrt{l}$	最小同时工作齿数 $Z_{emin} = \dfrac{l}{p}$ 最大同时工作齿数 $Z_{emin} = \dfrac{l}{p} + 1$
	$l > 30 \sim 80$	$p = (1.3 \sim 1.6)\sqrt{l}$	
	$l > 80$	$p = (1.4 \sim 1.8)\sqrt{l}$	
	$a_f > 0.15$	$p = (1.75 \sim 2)\sqrt{l}$	
	孔中有空刀槽		
	轮切式拉刀	$p = (1.45 \sim 1.9)\sqrt{l}$	
过　渡　齿		等于 p	
精切齿校准齿		等于 $(0.6 \sim 0.8)p$	

注：① l 为工件长度。

② 计算出 p 后应按表中的相近数值取整数。

③ 同时工作齿数应满足 $3 \leqslant Z_e \leqslant 8$ 的校验条件。

4.2.6　容屑槽形状及尺寸

常见的容屑槽形状及尺寸见表 4.9。

表4.9　拉刀容屑槽槽形选用

选用依据	槽　型	图　形	特　点	使用场合
根据槽型廓选	曲线齿槽型	一般槽型	刀齿强度高,槽型简单,加工容易,刀齿重磨次数多,但容屑空间小,卷屑排屑不方便	齿升量较小、齿距较大或拉削脆性材料,同廓式拉削钢料
		加长槽型(直线双圆弧齿槽型)	容屑空间增大、制造较简便	拉削有空刀槽的工件。使切屑形成两个以上的屑卷,拉削深孔
	直线齿槽型	一般槽型	容屑空间比直线齿背槽型大,排屑方便,但加工复杂,刀齿强度稍差	齿升量较大,齿距较小,或拉削韧性材料。轮切式拉刀和组合式拉刀
		加长槽型(直线双圆弧齿槽型)	容屑空间增大	拉削有空刀槽的工件,使切屑形成两个以上的屑卷,拉削深孔,组合式拉刀

続表

粗切齿齿距 p	浅槽 h	g	r	R	基本槽 h	g	r	R	深槽 h	g	r	R
4	1.5	1.5	0.8	2.5	—	—	—	—	—	—	—	—
1.5	1.5	1.5	0.8	2.5	2	1.5	1	2.5	—	—	—	—
5	1.5	1.5	0.8	3.5	2	1.5	1	3.5	—	—	—	—
5.5	1.5	2	0.8	3.5	2	2	1	3.5	—	—	—	—
6	1.5	2	0.8	3.5	2	2	1	4	2.5	2	1.3	4
7	2	2.5	1	4	2.5	2.5	1.3	4	3	2.5	1.5	5
8	2	3	1	5	2.5	3	1.3	5	3	3	1.5	5
9	2.5	3	1.3	5	3.5	3	1.8	5	4	3	2	7
10	3	3	1.5	7	4	3	2	7	4.5	3	2.3	7
11	3	4	1.5	7	4	4	2	7	4.5	4	2.3	7
12	3	4	1.5	8	4	4	2	8	5	4	2.5	8
13	3.5	4	1.8	8	4	4	2	8	5	4	2.5	8
14	4	4	2	10	5	4	2.5	10	6	4	3	10
15	4	5	2	10	5	5	2.5	10	6	5	3	10
16	5	5	2.5	12	6	5	3	12	7	5	3.5	12
17	5	5	2.5	12	6	5	3	12	7	5	3.5	12
18	6	6	3	12	7	6	3.5	12	8	6	4	12
19	6	6	3	12	7	6	3.5	12	8	6	4	12
20	6	6	3	14	7	6	3.5	12	9	6	4.5	14
21	6	6	3	14	7	6	3.5	14	9	6	4.5	14
22	6	6	3	16	7	6	3.5	16	9	6	4.5	16
24	6	7	3	16	8	7	4	16	10	7	5	16
25	6	8	3	16	8	8	4	16	10	8	5	16
26	8	8	4	18	10	8	5	18	12	8	6	18
28	8	9	4	18	10	9	5	18	12	9	6	18
30	8	10	4	18	10	10	5	18	12	10	6	18
32	9	10	4.5	22	12	10	6	22	14	10	7	22

注:① 各种容屑槽的容屑面积 $A=\frac{1}{4}\pi h^2$。

② 综合式拉刀或拉削塑性材料时,宜采用曲线齿背形容屑槽。

③ 孔内有空刀槽使切屑形成两个以上屑卷时,应采用加长齿距槽型。

④ 表中取 $g=\left(\frac{1}{4}\sim\frac{1}{3}\right)p$,必须加大容屑空间时,可取 $g=\frac{1}{5}p$。

4.2.7 容屑系数

分层式拉刀容屑槽的容屑系统见表4.10,轮切式拉刀容屑槽的容屑系数见表4.11。

表4.10 分层式拉刀容屑槽的容屑系数

齿升量 a_f/mm	加 工 材 料				
	钢 σ_b/GPa			铸铁、青铜、铅、黄铜	铜、紫铜、铝、巴氏合金
	<0.4	0.4～0.7	>0.7		
	容 屑 系 数 K				
≤0.03	3	2.5	3	2.5	2.5
>0.03～0.07	4	3	3.5	2.5	3
>0.07	4.5	3.5	4	2	3.5

表4.11 轮切式拉刀容屑槽的容屑系数

切削厚度 a_c/mm	齿 距 p/mm		
	4.5～9	10～15	16～25
	容 屑 系 数 K		
≤0.05	3.3	3.0	2.8
0.05～0.1	3.0	2.7	2.5
>0.1	2.5	2.2	2.0

注:① 本表亦适用于综合式圆拉刀,其切削厚度 $a_c = 2a_f$。

② 本表仅适用于切屑宽度 $a_w \le 1.2\sqrt{d_0}$ 时的钢料加工(d_0 为拉刀圆形齿直径基本尺寸)。

③ 加工灰铸铁时,可取 $K=1.5$。

④ 当切屑宽度 $a_w > (1.2\sim1.5)\sqrt{d_0}$ 时,选用的 K 值应比表中的 K 值增大0.3。

⑤ 当几个薄的工件重叠在一起拉削时,若工件厚度(或孔的长度)为 3～10 mm,则可取 $K=1.5$。

4.2.8 分屑槽

分屑槽的形状和尺寸见表4.12、4.13、4.14。

表4.12 圆拉刀三角形分屑槽

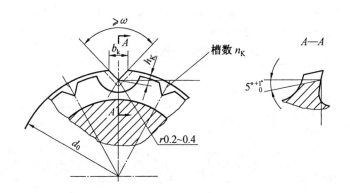

拉刀直径 d_0/mm	分屑槽数(宜取偶数) n	槽宽 b/mm	槽深 h'/mm	槽角 ω/(°)
≤25	$n=\left(\dfrac{1}{6}\sim\dfrac{1}{5}\right)\pi d_0$	0.8~1.0	0.3~0.4	可用 $\omega=$ 45°~60°，但最好用 $\omega\geqslant90°$
25~60	$n=\left(\dfrac{1}{7}\sim\dfrac{1}{6}\right)\pi d_0$	1.0~1.2	0.4~0.5	
>60	$n=\left(\dfrac{1}{7}\sim\dfrac{1}{6.5}\right)\pi d_0$	1.2~1.5	0.5~0.6	

表 4.13　圆拉刀弧形分屑槽

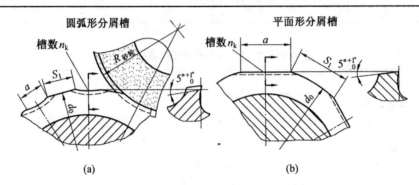

圆弧形分屑槽　　　　　　　　平面形分屑槽

(a)　　　　　　　　　　　　　(b)

磨削弧形槽的砂轮半径 ≤25 mm

拉刀最小直径 d_{0min}/mm	8~13	13~21	21~31	31~41	41~43
槽　数　n_k	4	6	8	10	12
拉刀最小直径 d_{0min}/mm	53~65	65~76	76~89	89~104	104~120
槽　数　n_k	14	16	18	20	24

拉刀类型	综合式	轮切式($z_c=2$)
槽宽 a/mm	$a=d_{0min}\sin\dfrac{90°}{n_k}-(0.3\sim0.7)$	$a=d_{0min}\sin\dfrac{90°}{n_k}-(0.15\sim0.4)$
切削宽度 a_w/mm	$a_w=2d_{0min}\sin\dfrac{90°}{n_k}-a$	

注:① 切削宽度(a_w)的新国标为 b_D。

② a 和 a_w 计算精度为 0.1 mm。

③ 当拉刀直径 $d_0<25$ mm 时,宜采用平面表分屑槽,但若拉刀齿升量比较大时,还必须验算其槽深,应使槽深尺寸大于切削厚度 a_c(对于综合式拉刀 $a_c=2a_f$)。

表 4.14　花键、键槽拉刀分屑槽

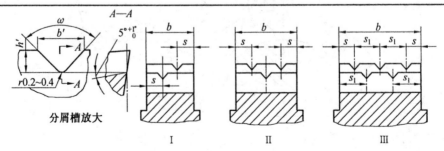

分屑槽放大

I　　　　　　　　II　　　　　　　　III

刃宽 b	4	5	6	7	8	9	10	12	14	16	18	20	24	28	32	36	40
s	1.2	1.5	2.0	2.2	2.5	3.0	3.0	4.0	3.5	4.0	3	3	4	4	4	4.5	5
s_1	—										6	6.5	8	9	8	9	10
类型	I						II			III							
b'	1.0																
h'	0.5									0.7							
$\omega/(°)$	可用 $\omega=45°\sim60°$,但最好用 $\omega\geqslant90°$																

4.2.9 拉刀校准部齿数

拉刀校准部齿数见表 4.15。

表 4.15 拉刀校准部齿数

拉 刀 类 型		校 准 齿 齿 数
圆 拉 刀	加工公差等级 H7～H9 的孔	5～7
	加工公差等级 H10～H11 级精度的孔	4～5
	加工公差等级 H12～H13 级精度的孔	3～4
花键拉刀、方拉刀、键槽拉刀及具有单面刀齿的拉刀		4～5

4.2.10 拉削变形量参数值

一般情况下,被拉削孔常出现扩张。加工韧性金属和薄壁零件时,则常产生孔缩。而在加工脆硬材料时常出现扩张。在实际生产中,拉削变量可通过实验或实测统计确定。为方便课程设计,提供以下数据作参考(表 4.16)。

表 4.16 拉削韧性金属和薄壁零件时拉削孔径收缩量(参考值)

内孔公差等级	内孔直径基本尺寸/mm				
	10～18	18～30	30～50	50～80	80～120
	拉削韧性金属和薄壁零件时直径收缩量 $\delta/\mu m$				
H7	10	11	11	12	13
H8、H9 级精度的孔,其收缩量可将上述值减少 3～6 μm					

表 4.17 一般情况下拉削孔径张量(参考值) (μm)

孔直径公差	直径扩张量	孔直径公差	直径扩张量	孔直径公差	直径扩张量
25	0	35～60	5	180～290	30
27	2	60～100	10	300～340	40
30～33	4	110～170	20	>400	50

花键拉刀外径收缩量可取 5 μm(参考值)。当键槽拉刀键宽 $b=3\sim10$ mm 时,可取键宽扩张量 5～15 μm。

4.2.11 拉刀柄部标准

拉刀柄部标准的常见类型尺寸见表4.18、4.19。

表4.18 圆柱形前柄 II 型 GB 3832.2—83 （mm）

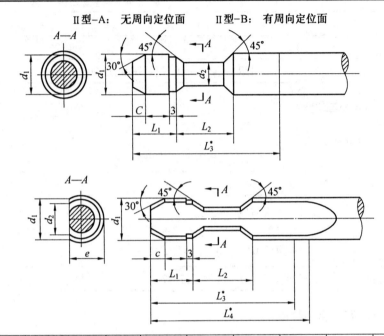

d_1		d_2								e	
尺寸	公差 f8	尺寸	公差 h12	d'_1	L_1	L_2	L_3^*	L_4^*	c	尺寸	公差 e8
8	−0.013	6.0		7.8			70	80	2	6.50	−0.025
9		6.8	0	8.8	12					7.40	
10	−0.035	7.5		9.8						8.25	
11	−0.016	8.2	−0.150	10.8		20				9.10	−0.047
12		9.0		11.7			80	90	3	10.00	
14		10.5		13.7	16					11.75	−0.032
16		12	0	15.7						13.50	
18	−0.043	13.5	−0.180	17.7						15.25	−0.059
20		15		19.7						17.00	
22	−0.020	16.5		21.7			90	100	4	18.75	−0.040
25	−0.053	19		24.7	20	25				21.50	
28		21	0	27.6						24.00	−0.073
32	−0.025	24	−0.210	31.6						27.50	
36		27		35.6			110	125	5	31.00	−0.050
40		30		39.5	25	32				34.50	
45	−0.064	34	0	44.5						39.00	
50		38		49.5						43.50	−0.089
56	−0.030	42	−0.250	55.4			130	140	6	43.50	
63		48		62.4	32	40				55.00	−0.060
70	−0.076	53		69.4						61.00	
80		60	0	79.2						69.50	−0.106
90	−0.036	68		89.2	40	50	160	170	8	78.50	
100	−0.090	75	−0.300	99.2						87.00	−0.072 −0.126

注：① L_3^* 内应保证 d_1 公差为 f3；L_3^*、L_4^* 为参考尺寸，L_3^* 称磨光长度。

② $d_1 < 8$ mm 时，柄部按 GB 3832.2—83 圆柱形前柄 I 型选取。

表4.19 圆柱形后柄 I 型(整体式后柄) GB 3832.3—83 (mm)

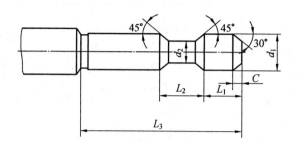

d_1		d_2		L_1	L_2	L_3	c
尺 寸	公差 f8	尺 寸	公差 h12				
12	-0.016	9	0 -0.150	16	16	60	3
16	-0.043	12	0				
20	-0.020	15	-0.180	20	20	80	4
25	-0.053	20	0				
32	-0.025	26	-0.210	25	25	100	5
40	-0.064	34	0				
50		42	-0.250	28	32	120	6
63	-0.30	53	0				
80	-0.076	68	-0.300	32	40	140	8
100	-0.036 -0.090	85	0 -0.350				

4.2.12 拉刀颈部、过渡锥部、前导部和后导部

拉刀颈部、过渡锥部、前导部和后导部的计算式见表4.20。

表4.20 拉刀颈部、过渡锥部、前导部和后导部的计算 (mm)

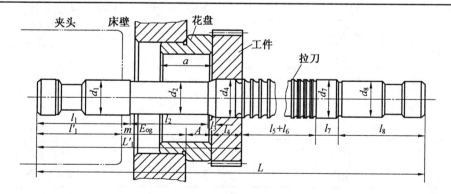

名　称	符　号	计 算 式 或 来 源	备　注
前柄长度	l_1	GB 3832—83	见表 4.18
前柄直径	d_1		l_1 即该表中 L_3
颈部长度	l_2	$l_2 \geqslant m + B_s + A - l_3$	$m = 10 \sim 20, B_s$ 及 A 见表 4.24
颈部直径	d_2	一般 $d_2 = d_1 - (0.3 \sim 0.5)$	
		特殊 $d_2 = d_1$	可磨光
过渡锥长度	l_3	$L_3 = 10, 15$ 或 20	
过渡锥直径		小端直径 d_2, 大端直径 d_4	
前导部长度	l_4	$l_4 = l$ 及 $l_4 \geqslant 40$	l 为工件长度
前导部直径	d_4	$d_4 = d_{wmin}$	公差见表 4.36
前柄端部至第一刀齿长度	L'_1	$L'_1 = l'_1 + m + B_s + A + l_4$	L'_1 值应标注在拉刀图上
前柄伸入夹头长度	l'_1	$l'_1 = l_1 - (5 \sim 10)$ 或 $l'_1 = l_1$	
后导部长度	l_7	$l_7 = (0.5 \sim 0.7)l$ 及 $l_7 \geqslant 20$	对带空刀槽孔不适用
后导部直径	d_7	$d_7 = d_{mmin}$	公差见表 4.36
后柄长度	l_8	GB 3832.3—83	见表 4.19
后柄直径	d_8		

4.2.13　拉削力

拉削力的计算公式见表 4.21,修正系数见表 4.22,单位长度上的切削力值见表 4.23。

表 4.21　拉削力计算公式

拉削力计算公式			$F_{max} = F'_z \sum a_w Z_{emax} k_0 k_1 k_2 k_3 k_4 \times 10^{-3}$ kN	
刀 齿 类 型			$\sum a_w / mm$	说　明
圆形齿		分层式	$\sum a_w = \pi d_0$	d_0——拉刀直径;
		综合式	$\sum a_w = \dfrac{1}{2} \pi d_0$	Z——花键键数;
		轮切式	$\sum a_w = \pi d_0 / z_0$	Z_0——轮切式拉刀每组齿数;
矩形花键	分层式	花键齿	$\sum a_w = zb$	b——键宽尺寸;
		倒角齿 *	$\sum a_w = z(b + 2f)$	f——键侧倒角宽度尺寸;
	轮切式花键齿		$\sum a_w = zb / z_0$	*——在花键齿之前的倒角齿。若倒角齿在花键齿之后则不必计算倒角齿的切削力
矩形键	键齿		$\sum a_w = b$	
	倒角齿		$\sum a_w = b + 2f$	

表4.22 拉削力修正系数

修 正 系 数	工 作 条 件	数 值		
切削刃状态修正系数 k_0	直线刃拉刀 曲线刃、圆弧刃拉刀	1 1.06 ~ 1.27		
刀齿磨损状况修正系数 k_1	具有锋利的切削刃 后刀面正常磨损 $VB = 0.3$ mm	1 1.15		
切削液状况修正系数 k_2	用硫化切削油 用10%乳化液 干切削加工钢料	钢	1 1.13 1.34	铸铁	0.9 0.9 1.0
刀齿前角状况修正系数 k_3	$r_0 = 10° \sim 12°$ $r_0 = 6° \sim 8°$ $r_0 = 0° \sim 2°$	1 1.13 1.34		
刀齿后角状况修正系数 k_4	$\alpha_0 = 2° \sim 3°$ $\alpha_0 \leqslant 1°$ 加工钢料 $\alpha_0 \leqslant 1°$ 加工铸铁	1 1.20 1.12		

表4.23 拉刀切削刃上的切削力 （N/mm）

齿升量 a_f/mm	工 件 材 料 （HBS）								
	碳 钢			合 金 钢			铸 铁		
							灰铸铁		可锻铸铁
	≤197	>197 ~ 229	>229	≤197	>197 ~ 229	>229	≤180	>180	
0.01	64	70	83	75	83	89	54	74	62
0.015	78	86	103	99	108	122	67	80	67
0.02	93	103	123	124	133	155	79	87	72
0.025	107	119	141	139	149	165	91	101	82
0.03	121	133	158	154	166	182	102	114	92
0.04	140	155	183	181	194	214	119	131	107
0.05	160	178	212	203	218	240	137	152	123
0.06	174	191	228	233	251	277	148	163	131
0.07	192	213	253	255	277	306	164	181	150
0.075	198	222	264	265	286	319	170	188	153
0.08	209	231	275	275	296	329	177	196	161
0.09	227	250	298	298	322	355	191	212	176
0.10	242	268	319	322	347	383	203	232	188

续表

齿升量 a_f/mm	工件材料（HBS）								
	碳　钢			合　金　钢			铸　　铁		可锻铸铁
							灰铸铁		
	≤197	>197~229	>229	≤197	>197~229	>229	≤180	>180	
0.11	261	288	343	344	374	412	222	249	202
0.12	280	309	368	371	399	441	238	263	216
0.125	288	320	380	383	412	456	245	274	226
0.13	298	330	390	395	426	471	253	280	230
0.14	318	350	417	415	448	495	268	297	245
0.15	336	372	441	437	471	520	284	315	256
0.16	353	390	463	462	500	549	299	330	271
0.17	371	408	486	486	526	581	314	346	285
0.18	387	428	510	515	554	613	328	363	296
0.19	403	446	530	544	589	649	339	381	313
0.20	419	464	551	565	608	672	353	394	320
0.21	434	479	569	569	631	697	268	407	332
0.22	447	493	589	608	654	724	378	419	342
0.23	459	507	604	628	675	748	387	430	351
0.24	471	521	620	649	696	771	402	442	361
0.25	486	535	638	667	716	795	413	456	369
0.26	500	550	653	693	739	818	421	468	383
0.27	515	563	669	708	761	842	436	478	394
0.28	530	577	687	726	783	866	446	491	405
0.29	539	589	706	746	814	903	453	500	411
0.30	553	603	716	770	829	915	467	512	423

4.2.14　常用卧式拉床有关参数

常用卧式拉床有关参数见表4.24、4.25。

表4.24　常用卧式拉床有关参数（表4.20图）

拉床型号	公称拉力 F/kN	床壁 孔径/mm	床壁厚度 B_0/mm	花盘孔径 /mm	花盘厚度 a/mm	花盘法兰 厚度A/mm	最大 行程/mm
L6110	100	125	60	100	60	30	1 400
L6110-1	100	150	70	100	70	30	1 250
L6120	200	200	75	150	75	35	1 600
L6120-1	200	200	80	150	90	40	1 600
L6140	400	260	100	180	120	50	2 000

注：在拉刀总长必须减少尺寸时，允许将花盘厚度 a 或花盘法兰厚度尺寸减少10 mm。

表4.25　拉床工作状态修正系数 k

拉 床 工 作 状 态	拉 床 拉 力 修 正 值 k
新拉床	0.9
良好状态旧拉床	0.8
不良状态旧拉床	0.7～0.5

4.2.15　高速钢拉刀的许用应力

高速钢拉刀的许用应力见表4.26。

表4.26　高速钢拉刀的许用应力

拉 刀 情 况	许 用 应 力 $[\sigma]$/GPa
环形刀齿（圆、方、花键等）拉刀	0.35～0.40
不对称载荷（键槽、平面等）拉刀	0.20～0.25

4.2.16　拉刀允许的总长度

拉刀允许的总长度见表4.27。

表4.27　圆孔拉刀的最大总长度

拉刀直径 d_0/mm	6～10	10～18	18～30	30～40	40～50	50～60	>60
最大总长度 L/mm	$28d_0$	$30d_0$	$28d_0$	$26d_0$	$25d_0$	$24d_0$	1 500
	精密圆孔拉刀一般不超过 $20d_0$						

花键拉刀的最大总长度							
拉刀直径 d_0/mm	10～20	20～30	30～40	40～50	50～60	60～80	>80
大径 d_0/mm	$34d_0$	$33d_0$	$32d_0$	$31d_0$	1 600	1 700	1 800

4.2.17　矩形花键拉刀余量切除顺序

表 4.28　矩形花键拉刀余量切除顺序

加工部位	类型	简　图	特　　点	适用范围
只拉花键	I		最简单	预制孔精度高时
拉圆孔及花键孔	IIa		圆孔加工余量已被花键刀齿分割,圆形刀齿不必或少开分屑槽,而且可取较大齿升量。拉削短的零件时,不易保证花键内径与外径的同心,因当校准齿离开了工件时,前几个圆孔刀齿可能切下很少的余量,甚至(当预制孔很粗糙时)完全切不着余量,致使工件向下偏移	拉削长度大于30 mm,同时工作齿数不小于5　当预制孔为精镗孔时,可保证花键孔的精度
	IIb		可消除IIa的缺点,但圆形刀齿的数量较多。当圆形齿切去足够多的余量时,可保证花键孔内外圆的同轴度。圆形齿按圆孔拉刀设计	拉削长度不大于30 mm,或几个短零件叠在一起拉削
圆孔、花键倒角都拉削	IIIa		相当于IIb在后面多加几个倒角齿。为防止磨花键齿时损坏倒角齿,需在花键齿和倒角齿之间有较大距离,一般取 $p=16 \sim 18$ mm	拉削长度不大于30 mm,或几个短零件叠在一起拉削,但要求倒角的工件
	IIIb		相当于IIb在前面加倒角齿。工件处于圆形齿校准部位时,可能旋转产生倒角与花键槽不重合的缺陷,可能造成零件的报废和拉刀刀齿的损坏。此外,倒角齿以较大齿升量切去一部分花键余量,并分割了圆孔余量,故可缩短拉刀长度	拉削长度大于45 mm 时
	IIIc		相当于在IIa前面加倒角齿,倒角齿切掉了一部分花键余量,可以减少花键刀齿数目,其他特点见IIa型。需在倒角齿与花键齿之间加长齿距,以免磨伤刀齿	拉削长度大于30 mm,同时工作齿数不小于5
两把拉刀组成一套	IVa$_1$		IVa$_1$为第一把拉刀,IVa$_2$为第二把拉刀。因IVa$_2$花键齿宽小于IVa$_1$,且第二把拉刀前导部键侧与花键孔有间隙,零件可能旋转一些,造成键侧留下凸台,但在拉削长度足够时,可保证内外径同心(详见)IIa	键宽公差大于0.06 mm,且拉削长度大于30 mm 时
	IVa$_2$	0.002~0.003		

续表

加工部位	类型	简　图	特　　点	适用范围
两把拉刀组成一套	IVb_1		IVb_1 为第一把拉刀，IVb_2 为第二把拉刀。因 IVb_2 的 $\overline{ab}$ 部分可采用大齿升量（$a_f = 0.15 \sim 0.4$ mm），$\overline{bc}$ 部分则取正常齿升量。这种拉刀可获得较高精度及键侧较小的粗糙度	键宽公差大于 0.06 mm 时
	IVb_2			

注:余量切除顺序为:

　　——首先切除的余量
　　——其次切除的余量
　　——最后切除的余量

4.2.18　矩形花键拉刀倒角齿参数

倒角齿参数的计算公式和倒角齿工艺角度见表 4.29。

表 4.29　倒角齿矩形花键拉刀参数

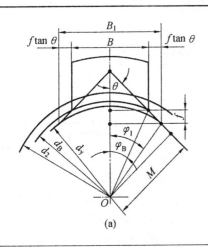
(a)

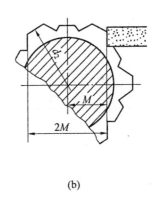
(b)

倒角齿参数计算

序　号	参数名称	代　号	计算公式	备　注
1	中间值	$\varphi°_1$	$\sin \varphi_1 = \dfrac{B_{min}+2f\tan\theta}{d_{ymax}}$	B_{min}——键宽下限尺寸；d_{ymax}——花键孔内圆最大尺寸
2	倒角齿测量值	M/mm	$m = \dfrac{1}{2}d_{ymax}\sin(\theta+\varphi_1)$	倒角齿测量方法见表 4.29 图(b)。M 计算精度 0.01 mm

续表

3	中 间 值	φ_B	$\cot \varphi_B = \dfrac{2M}{B_{\min}\sin\theta} - \cot\theta$	
4	倒角与键侧交点直径	d_B/mm	$d_B = \dfrac{B_{\min}}{\sin\varphi_B}$	
5	拉刀倒角齿最大直径	d_2/mm	$d_2 = d_B + (0.3 \sim 0.6)$	

倒 角 齿 工 艺 角 度 θ						
键 数	4	6	8	10	12	16
θ	45°	30°	45°	36°	30°	45°

4.2.19　花键齿截形尺寸

花键齿截形尺寸的计算见表4.30。

表4.30　花键齿截形尺寸计算　（mm）

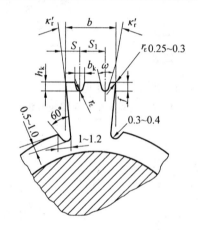

顺序	截 形 尺 寸			代号	计算公式或数据	
1	齿 宽			b	$b = b_{\max} - \delta_b$； 式中　$b_{\max}$——内花键最大键宽； 　　　δ_b——键宽扩张量,根据试验结果,取$\delta_b = 0.005 \sim 0.01$	
2	副偏角			κ_r'	1°～1°30′	用于减少拉刀齿侧和工件槽壁之间的摩擦,一般在键高大于1.5 mm的刀齿侧面上才磨出。加工一般材料时用此数值
					2°～2°30′	加工韧性很大的钢料时用
3	齿侧棱带			f	0.8～1,为了提高键槽宽度的精度	
4	过渡刀刃	直线过渡刃	过渡刃宽	b_g	0.2～0.3	
			过渡刃斜角	$b_{\gamma e}$	45°	
		圆弧过渡刃圆角半径		r_g	0.25～0.3	

续表

5	砂轮退刀槽	槽 形 角	θ_w	60°
		槽 宽	b_w	1 ~ 1.2
		槽 深	h_w	0.5 ~ 1.0
		圆角半径	r_w	0.3 ~ 0.4
6	分 屑 槽		ω	见表 4.14

4.3 拉刀技术条件

(1) 拉刀材料及热处理。拉刀用 W18Cr4V 或同等(或以上)性能的高速工具钢制造。用 W18Cr4V 制造的拉刀热处理硬度为：

刀齿和后导部   HRC63 ~ 66

前导部   HRC60 ~ 66

柄部   HRC40 ~ 52

(2) 拉刀几何角度的极限偏差见表 4.31。

表 4.31 拉刀几何角度极限偏差

角 度 名 称	极 限 偏 差	角 度 名 称	极 限 偏 差
前 角	+2° −1°	校准齿后角	+0°30′ 0
切削齿后角	+1° 0	花键齿侧隙角	+1° 0

(3) 拉刀表面粗糙度见表 4.32。

表 4.32 拉刀表面粗糙度 (μm)

拉 刀 表 面	$Ra \leqslant$
刀齿刃带表面 校准齿的前面和后面 精切齿的前面和后面	0.2
粗切齿的前面和后面 花键齿两侧面 前导部和后导部外圆表面 中心孔工作锥面	0.4
柄部外圆表面 花键齿侧隙表面	0.8
容屑槽槽底(磨光)表面	1.6

(4) 拉刀各刀齿外圆直径的极限偏差见表 4.33 ~ 4.35。

表 4.33　粗切齿外圆直径极限偏差　（mm）

直 径 齿 升 量	外圆直径尺寸极限偏差	相邻齿的直径齿升量差
~0.06	±0.010	0.010
>0.05~0.10	±0.015	0.015
>0.10~0.12	±0.020	0.020
>0.12	±0.015	0.015

表 4.34　圆拉刀校准齿及精切齿的外圆直径尺寸的极限偏差　（mm）

被加工孔的直径尺寸公差	校准齿及与其尺寸相同的精切齿外圆直径尺寸的极限偏差	其余精切齿外圆直径尺寸的极限偏差
~0.018	0 −0.005	
>0.018~0.027	0 −0.007	
>0.027~0.036	0 −0.009	0 −0.010
>0.036~0.046	0 −0.012	
>0.046	0 −0.015	

校准齿及与其尺寸相同的精切齿外圆直径尺寸的一致性为 0.095。校准齿部分不允许有正锥度

表 4.35　花键拉刀校准齿及精切齿外圆直径尺寸的极限偏差　（mm）

花键定心直径尺寸公差	校准齿及与其尺寸相同的精切齿外圆直径尺寸的极限偏差	其余精切齿外圆直径尺寸的极限偏差
~0.019	0 −0.005	
>0.019~0.027	0 −0.007	0 −0.010
>0.027~0.035	0 −0.009	
>0.035~0.045	0 −0.012	0 −0.015
>0.045	0 −0.015	

校准齿及与其尺寸相同的精切齿外圆直径尺寸的一致性为 0.095。校准齿部分不允许有正锥度

（5）拉刀外圆表面对基准轴线的圆跳动公差见表 4.36。

表4.36　拉刀外圆表面对基准轴线的圆跳动公差　（mm）

对基准轴线的径向圆跳动公差			拉刀柄部与卡爪接触的锥面对拉刀基准轴线的斜向圆跳动公差
校准齿及与其相邻的两个精切齿	其　余　部　分		
	全长与基本直径的比值	圆跳动公差	
按校准齿外圆直径尺寸极限偏差值	～15	0.03	0.1
	>15～25	0.04	
	>25	0.06	
拉刀各部分的径向圆跳动应在同一方向			

（6）拉刀前导部、后导部尺寸公差见表4.37。

表4.37　拉刀前导部及后导部尺寸公差

部位 尺寸公差 拉刀类别	前　导　部		后　导　部	
	圆柱形	花键形	圆柱形	花键形
外圆直径	f7	e8	f7	0 −0.2 mm
花键齿宽度	—	e8	—	e8

（7）拉刀全长尺寸的极限偏差为：

拉刀全长小于或等于1 000 mm时为±3 mm；

拉刀全长大于1 000 mm时为±5 mm。

（8）花键拉刀花键齿等分累积误差的公差及花键齿两侧面对其基准中心平面的对称度公差见表4.38。

表4.38　拉刀花键齿等分累积误差的公差及花键齿两侧面对其基准中心平面的对称度公差　（mm）

花键槽宽公差代号	拉　刀　定　心　圆　直　径					
	≤30	>30～50	>50～80	>80～120	>120～180	>180～260
	公　　　差					
Dd	0.008	0.010	0.015	0.020	0.025	0.030
De4	0.015	0.020	0.025	0.030	0.035	0.040

（9）花键拉刀花键齿宽度尺寸的极限偏差、在拉刀横截面内花键齿两侧面的平行度公差及拉刀花键齿侧面沿纵向对拉刀基准轴线的平行度(包括螺旋度)公差见表4.39。

表4.39　花键拉刀花键齿宽度尺寸公差、横截面内花键齿两侧面的平行度公差、花键齿侧面沿纵向对拉刀基准轴线的平行度(包括螺旋度)公差　（mm）

花键槽宽公差代号	花键齿宽度基本尺寸			
	～3	>3～10	>10～18	>18
	公　　　差			
Dd	0 −0.010		0 −0.012	0 −0.015
De4	0 −0.012	0 −0.015	0 −0.018	

（10）花键拉刀倒角齿两角度面至拉刀基准轴线间的距离尺寸 M 的极限偏差为 $±0.05$ mm。拉刀倒角齿两角度面对花键齿中心平面对称度公差为 0.05 mm。

（11）键槽拉刀技术条件。

① 键槽拉刀切削齿高度尺寸公差见表4.40。

表4.40　键槽拉刀切削齿高度尺寸公差　（mm）

齿升量 a_f	齿高度尺寸公差	相邻齿高尺寸偏差
~0.05	±0.020	0.020
>0.05~0.08	±0.025	0.025
>0.08	±0.035	0.035

② 精切齿及校准齿高度尺寸公差为 $^{\ 0}_{-0.015}$ mm。

③ 刀体侧面和底面沿拉刀长度方向的直线度公差：对于键宽为 3~12 mm 的，在 100 mm 上为 0.06 mm；对于键宽大于 12 mm 的，在 100 mm 上为 0.02 mm。

④ 键齿宽度尺寸公差，取工件键槽宽度尺寸公差的 $\frac{1}{3}$，但不大于 0.02 mm，符号取"–"。

⑤ 键齿侧面对刀体同一侧面在拉刀长度方向的平行度公差，在齿部全长上，应在键齿宽度尺寸公差范围内。

⑥ 键齿侧面对刀体中心平面对称度公差应在键齿宽度尺寸公差范围内。

4.4　拉刀设计举例

圆孔拉刀设计举例：

[原始条件]

工件直径 $\phi50^{0.025}_{0}$ mm，长度 30~50 mm，材料 45 钢，220~250HBS，$\sigma_b = 0.75$ GPa。工件图如图4.1所示。

拉床为 L6140 型不良状态的旧拉床，采用 10% 极压乳化液，拉削后孔的收缩量为 0.01 mm。

设计步骤如下：

（1）拉刀材料：W18Cr4V。

（2）拉削方式：综合式。

（3）几何参数：按表 4.2，取前角 $\gamma_o = 15°$，精切齿与校准齿前刀面倒棱，$b_{\gamma1} = 0.5~1$ mm，$\gamma_{o1} = 5°$。

按表 4.3，取粗切齿后角 $\alpha_o = 3°$，倒棱宽 $b_{\alpha1} \leqslant 0.2$ mm，精切齿后角 $\alpha_o = 2°$，$b_{\alpha1} = 0.3$ mm，校准齿 $\alpha_o = 1°$，$b_{\alpha1} = 0.6$ mm。

（4）校准齿直径（以角标 x 表示校准齿的参数）

$$d_{0x} = d_{mmax} + \delta$$

式中　δ——收缩量，取 $\delta = 0.01$ mm，则 $d_{0x} = 50.025 + 0.01 = 50.035$ mm。

（5）拉削余量：按表 4.1 计算。当预制孔采用钻削加工时，A 的初值为

$$A = 0.005d_m + 0.1\sqrt{l} = 0.005 \times 0.1\sqrt{50} = 0.96 \text{ mm}$$

采用 $\phi 49$ 钻头,最小孔径为 $d_{wmin}=49$,拉削余量为

$$A=d_{0x}-d_{wmin}=50.035-49=1.035 \text{ mm}$$

（6）齿升量。按表 4.4,取粗切齿齿升量为 $a_f=0.04$ mm。

（7）容屑槽。

① 计算齿距。按表 4.8,粗切齿与过渡齿齿距为

$$p=(1.3\sim 1.6)\sqrt{50}\approx 10 \text{ mm}$$

取精切齿与校准齿齿距（用角标 j 表示精切齿的参数）

$$p_j=p_x=(0.6\sim 0.8)p=7 \text{ mm}$$

② 容屑槽形状及尺寸采用曲线齿背。按表 4.9 基本槽形,粗切齿与过渡齿取 $h=4$ mm, $g=3$ mm, $r=2$ mm, $R=7$ mm,精切齿与校准齿取 $h=2.5$ mm, $g=2.5$ mm, $r=1.3$ mm, $R=4$ mm,如图 4.1 所示。

③ 校验容屑条件

$$h\geqslant 1.13\sqrt{K\times 2a_f l}$$

按表 4.11,取容屑系数 $K=2.7$,工件最大长度 $l=50$ mm,齿升量 $a_f=0.04$ mm,则

$$1.13\sqrt{K\times 2a_f l}=1.13\sqrt{2.7\times 0.08\times 50}=3.71$$

而容屑槽深 $h=4$ mm,所以 $h>1.13\sqrt{K\times 2a_f l}$,校验合格。

④ 校验同时工作齿数。按表 4.8 计算。

$$Z_{emin}=\frac{l_{min}}{p}=\frac{30}{10}=3$$

$$Z_{emax}=\frac{l_{max}}{p}+1=\frac{50}{10}+1=6$$

满足 $3\leqslant Z_e\leqslant 8$ 的校验条件。

（8）综合式拉刀粗切齿与过渡齿用弧形分屑槽,精切齿用三角形分屑槽。

根据表 4.13,当最小直径 $d_{0min}=49$ mm 时,弧形分屑槽数 $n_k=12$。槽宽为

$$a=d_{0min}\sin\frac{90°}{n_k}-(0.3\sim 0.7)=40\sin\frac{90°}{12}-(0.3\sim 0.7)\approx 6 \text{ mm}$$

根据表 4.12,当直径为 $d_0=50$ 时,三角形分屑槽数为

$$n_k=\left(\frac{1}{7}\sim\frac{1}{6}\right)\pi d_0\approx 324$$

槽宽 $b=1\sim 1.2$ mm,槽深 $h'=0.5$ mm。见表 4.14。

前后齿分屑槽应交错排列。校准齿及最后一个精切齿不做分屑槽。

（9）前柄部形状和尺寸。按表 4.18,选用 Ⅱ型-A 式无周向定位面的圆柱形前柄,取 $d_1=45$ mm,最小断面处的直径为 $d_2=34$ mm。

（10）校验拉刀强度与拉床载荷。按表 4.23、4.24、4.25 计算最大拉削力。综合式拉刀粗切齿的切削厚度为齿升量 a_f 的 1 倍,1 mm 长度刀刃上的切削力 F'_z,应按 $2a_f$ 确定。

$$F_{max}=F'_z\sum a_w Z_{emax}k_0 k_1 k_2 k_3 k_4\times 10^{-3}=$$

$$275\times\frac{50\pi}{2}\times 6\times 1.27\times 1.15\times 1.13\times 1\times 1\times 10^{-3}=214 \text{ kN}$$

柄部最小断面处为危险断面,直径为 $\phi 34$,面积为

$$A_{rmin}=\frac{\pi\times 34^2}{4}=908 \text{ mm}^2$$

拉应力为

$$\sigma = \frac{F_{max}}{A_{rmin}} = \frac{214}{908} = 0.27 \text{ GPa}$$

按表 4.26,$[\sigma] = 0.35$ GPa,则 $[\sigma] > \sigma$,校验合格。

按表 4.24、4.25,拉床允许的拉力为

$$F_r k = 400 \times 0.60 = 240 \text{ kN}$$

由上述可知,拉削力 $F_{max} = 214$ kN,则 $F_r k > F_{max}$,拉床载荷校验合格。

(11) 齿数及每齿直径。取过渡齿与精切齿齿升量为 0.035、0.030、0.020、0.015、0.010、0.005 mm。后四齿齿升量小于粗切齿齿升量的 1/2,为精切齿,而前三齿称过渡齿。

过渡齿与精切齿切除的余量为 $A_g + A_j = 2 \times (0.035+0.030+0.025+0.020+0.015+0.010+0.005) = 0.28$ mm,则粗切齿齿数 Z_c 为(第一个粗切齿齿升量为零)

$$Z_c = \frac{A-(A_g+A_j)}{2a_f}+1 = \frac{1.035-0.28}{2\times0.04}+1 = 10$$

粗切齿与过渡齿,精切齿共切除余量为 $(10-1)\times2\times0.04+0.28 = 1.0$ mm,剩余 0.035 mm 的余量,需增加一个精切齿,调整各精切齿齿升量。各齿直径列于图 4.1 的尺寸表中。

按表 4.15 取校准齿 6 个,共有粗切齿、过渡齿、精切齿、校准齿齿数为 $10+3+5+6 = 24$ (个)。

(12) 拉刀其他部分。根据表 4.20,取前导部的直径与长度为

$$d_4 = d_{wmin} = 49.000 \text{ mm}$$

$$l_4 = l = \frac{30+50}{2} = 40 \text{ mm}$$

后导部的直径与长度为

$$d_7 = d_{xmin} = 50.028 \text{ mm} \quad l_7 = (0.5 \sim 0.7)l = 25 \text{ mm}$$

前柄端面至第一齿的距离(表 4.20 中图)

$$L'_1 = l'_1 + m + B_s + A + l_4$$

查表 4.18,$l'_1 = L_3 = 110$ mm,m 取 20 mm,查表 4.24,$B_s = 100$ mm,A = 50 mm,前导部 $l_4 = 40$ mm,则

$$L'_1 = 110+20+100+50+40 = 320 \text{ mm}$$

颈部直径　　　　　$d_2 = d_1 - (0.3 \sim 0.5) = 45-0.5 = 44.5$ mm

过渡锥长度取为 15 mm。

拉刀直径较小,不设后柄部。

(13) 计算和校验拉刀总长。

粗切齿与过渡齿的长度　　　$l_5 = 10(10+3) = 130$ mm

粗切齿与校准齿的长度　　　$l_6 = 7 \times (5+6) = 77$ mm

总长为 $L = L'_1 + l_5 + l_6 + l_7 = 320+130+77+25 = 552$ mm,最后取 $L = 560$ mm,L' 改为 328 mm。

查表 4.29,当拉刀直径为 50 时,允许长度为 $40 \times 50 = 2\,000$ mm,总长校验合格。

(14) 制定技术条件。按 4.3 节制定,详见图 4.13。

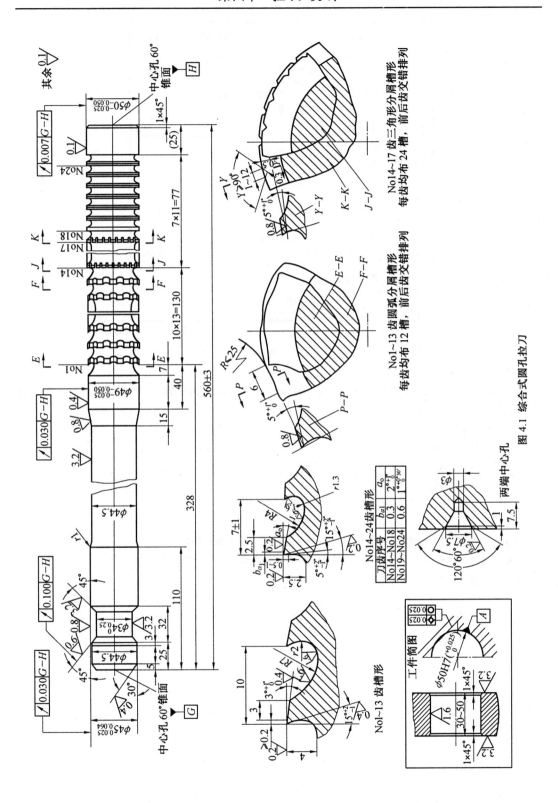

图 4.1　综合式圆孔拉刀

齿号 No	直径的基本尺寸 mm	直径公差 mm	齿号 No	直径的基本尺寸 mm	直径公差 mm
1	49.000		14	49.942	
2	49.080		15	49.978	0
3	49.160		16	50.006	−0.010
4	49.240		17	50.024	
5	49.320		18		
6	49.400	±0.015	19		
7	49.480		20		
8	49.560		21	50.035	0 −0.007
9	49.640		22		
10	49.720		23		
11	49.790		24		
12	49.850	±0.010			
13	49.900				

技 术 条 件

1. 拉刀材料:W18Gr4V。

2. 拉刀热处理硬度:刀齿及后导部 HRC63~66;前导部 HRC60~66;前柄部 HRC40~52;允许进行表面强化处理。

3. No18~24 齿外圆直径尺寸的一致性为 0.005 mm,且不允许有正锥度。

4. No1~16 齿外圆表面对 $G—H$ 基准轴线的径向圆跳动公差 0.030 mm。

5. No17~24 齿外圆表面对 $G—H$ 基准轴线的径向圆跳动公差 0.007 mm。

6. 拉刀各部径向跳动应在同一方向。

7. 拉刀表面不得有裂纹、碰伤、锈迹等影响使用性能的缺陷。

8. 拉刀切削刃应锋利,不得有毛刺、崩刃和磨削烧伤。

9. 拉刀容屑槽表面应磨光,且不得有凹凸不平等影响卷屑效果的缺陷。

10. 在拉刀颈部打印:厂标、ϕ50H7、γ15°、L30~50、制造年月、产品编号。

11. 拉刀按 GB 3831—83 标准验收。

附　　录

附录Ⅰ　设　计　题　目

Ⅰ.1　可转位车刀

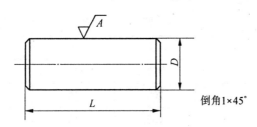

倒角1×45°

Ⅰ.1[1~5]题图

题号	工件材料	热处理状态	σ_b/GPa	HB	$D^{\pm0.1}$/mm	L/mm	A
1	45 钢	正火	0.60	170~217	50	300	1.6
2	35 钢	正火	0.52	143~178	70	250	3.2
3	40Cr	调质	0.75	241~286	35	150	1.6
4	HT200	—	0.18	170~240	45	200	3.2
5	黄铜 H62	冷拔或拉制	0.34	—	60	180	1.6

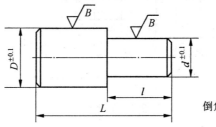

倒角1×45°

Ⅰ.2[6~10]题图

题号	工件材料(热处理状态) σ_b/GPa	D/mm	d/mm	L/mm	l/mm	B
6	45 钢	78	56	300	120	1.6
7	35 钢	68	44	250	100	3.2
8	40Cr	56	38	200	80	1.6
9	HT200	48	32	180	60	6.3
10	H62	70	64	240	90	3.2

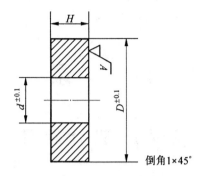

Ⅰ.3[11～15]题图

题号	工件材料（热处理状态）σ_b/GPa	D/mm	d/mm	H/mm	A
11	45	300	30	40	1.6
12	35	260	24	30	3.2
13	40Cr	200	20	22	1.6
14	HT200	180	16	20	6.3
15	H62	140	12	18	3.2

Ⅰ.2　成形车刀

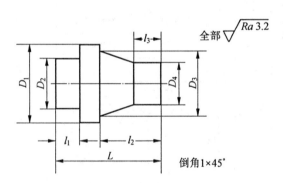

Ⅰ.2[1～5]题图

（mm）

题号	工件材料	D_1	D_2	D_3	D_4	l_1	l_2	l_3	L	热处理状态
1	25钢	$\phi31.8_{-0.41}^{0}$	$\phi22$	$\phi26_{-0.28}^{0}$	$\phi18$	4	14	4	24	调　质
2	35钢	$\phi34\pm0.1$	$\phi25$	$\phi28\pm0.2$	$\phi20$	5	14	4	25	调　质
3	35钢	$\phi40\pm0.2$	$\phi26$	$\phi30\pm0.1$	$\phi26$	4	20	4	28	调　质
4	35钢	$\phi20_{-0.2}^{0}$	$\phi16$	$\phi24\pm0.1$	$\phi18$	3	16	3	25	调　质
5	35钢	$\phi42\pm0.1$	$\phi30$	$\phi28\pm0.05$	$\phi30$	4	14	4	24	调　质

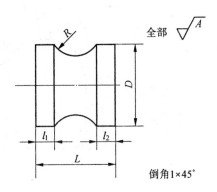

全部 $\sqrt{A}$

倒角1×45°

I.2[6~10]题图

题号	工件材料	D	R/mm	L/mm	l_1/mm	A	热处理状态
6	45 钢	30±0.08	12±0.1	30±0.1	5	1.6	调 质
7	35 钢	40±0.05	12±0.05	30±0.1	5	1.6	调 质
8	40Cr	40±0.05	13±0.05	32±0.1	5	1.6	调 质
9	HT200	40±0.1	14±0.5	40±0.1	8	3.2	调 质
10	40Cr	30±0.05	14±0.05	32±0.1	5	1.6	调 质

I.2[11~20]题

题号	工件材料	热处理状态	材料直径/mm	工件尺寸	备　　注
11	45	正火	23.5	见题图	加工全部外表面及预切槽
12	35	调质	50	见题图	加工全部外表面及预切槽
13	40Cr	调质	33	见题图	加工全部外表面及预切槽
14	50Cr	调质	33	见题图	加工全部外表面及预切槽
15	40Cr	调质	36.5	见题图	加工全部外表面及预切槽
16	40Cr	调质	33	见题图	设计圆体成形车刀
17	45	调质	22	见题图	加工全部外表面及预切槽
18	45	调质	33	见题图	设计圆体成形车刀
19	H62	—	6	见题图	设计棱体成形车刀
20	45	正火	18	见题图	设计棱体成形车刀

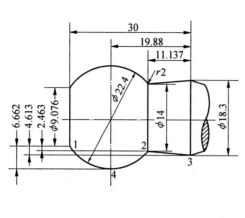

Ⅰ.2[11]题图

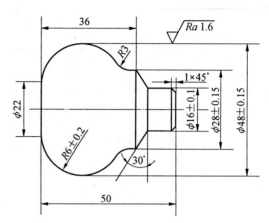

Ⅰ.2[12]题图

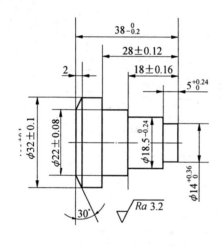

Ⅰ.2[13]题图

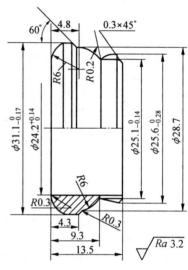

Ⅰ.2[14]题图

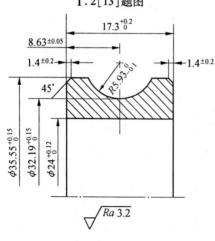

Ⅰ.2[15]题图

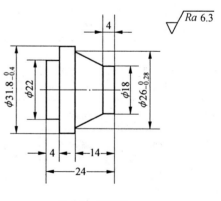

Ⅰ.2[16]题图

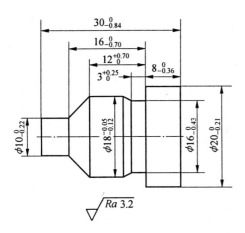

Ra 3.2

Ⅰ.2[17]题图

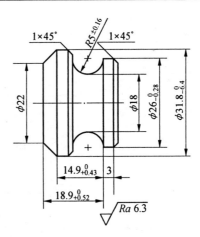

Ra 6.3

Ⅰ.2[18]题图

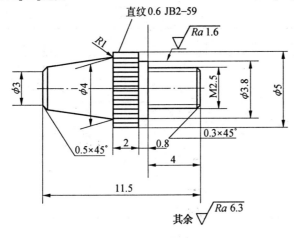

直纹 0.6 JB2-59

其余 Ra 6.3

Ⅰ.2[19]题图

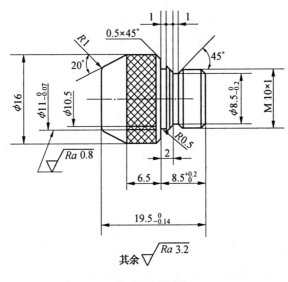

其余 Ra 3.2

Ⅰ.2[20]题图

Ⅰ.3　拉刀

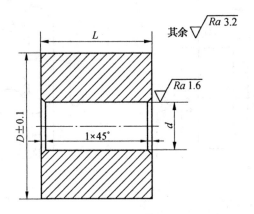

Ⅰ.3[1~7]题图

题号	工件材料	D/mm	d/mm	L/mm	热处理状态
1	45 钢	180	$50^{+0.025}_{0}$	64	调　质
2	35 钢	160	$46^{+0.025}_{0}$	58	正　火
3	40Cr	150	$34^{+0.025}_{0}$	48	调　质
4	HT20~40	200	$60^{+0.030}_{0}$	60	
5	HT20~40	200	$56^{+0.025}_{0}$	50	
6	50Cr	180	$50^{+0.025}_{0}$	50	正　火
7	ZQSn10-5	160	$46^{+0.025}_{0}$	64	

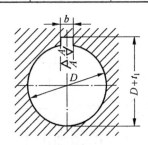

Ⅰ.3[8~12]题图

题号	工件材料	b/mm	D/mm	t_1/mm	A	L/mm	热处理状态
8	45 钢	5±0.015	16	$2.3^{+0.1}_{0}$	1.6	20	调　质
9	35 钢	5±0.015	20	$2.3^{+0.1}_{0}$	1.6	30	调　质
10	40Cr	8±0.018	30	$3.3^{+0.2}_{0}$	3.2	35	调　质
11	HT20~40	6±0.015	25	$2.8^{+0.1}_{0}$	3.2	30	
12	HT20~40	10±0.018	38	$3.3^{+0.2}_{0}$	1.6	40	

附录Ⅱ　课程设计常用资料

表Ⅱ.1　刀具内孔、芯轴及键槽尺寸和公差(参考)　(mm)

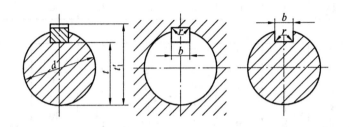

d	b	t		t'_1		r		r_1	
		尺寸	偏差	尺寸	偏差	尺寸	偏差	尺寸	偏差
8	2	6.7		8.9					
10	3	8.2		11.5		0.4	0 −0.10	0.16	0 −0.08
13		11.2	0 −0.10	14.6	+0.10 0				
16	4	13.2		17.7		0.6	0 −0.20		
19	5	15.6		21.1		1.0			
22	6	17.6		24.1				0.25	0 −0.09
27	7	22.0		29.8			0 −0.30		
32	9	27.0		34.8		1.2			
40	10	34.5		43.5					
50	12	44.5	0 −0.20	53.5	+0.20 0	1.6		0.40	0 −0.15
60	14	54.0		64.2					
70	16	63.5		75.0		2.0	0 −0.50		
80	18	73.0		85.5					
100	25	91.0		107.0		2.5		0.60	0 −0.20

公差:d—孔:H6、H7;芯轴:h5、h6。

　　　　b—孔槽:C11;芯轴键槽:间隙配合是H9;过盈配合是N9;键h9。

表Ⅱ.2　刀具内孔空刀尺寸　　　　　　　　　　　　　　　　（mm）

公称尺寸 d	13	16	19	22	27	32	40	50	60 以上
公称尺寸 L	l_1								
22	5	6	7	7	8	8			
24	6	7	7	8	8	8			
26	6	7	7	9	9	9	8		
28	6	7	7	9	9	9	10		
30	7	8	9	9	10	10	10		
35	7	8	9	9	10	11	11	12	
40	8	9	9	10	11	12	12	13	
45	9	10	10	11	12	13	13	14	
50	9	11	11	12	13	14	14	15	
55	10	11	11	12	14	15	15	16	18
60	11	12	12	13	15	16	16	18	20
65	12	13	13	14	15	18	18	18	20
70		14	14	15	16	18	18	20	22
75		15	15	16	18	18	20	22	22
80		15	15	16	18	20	20	24	24
85			16	18	20	20	22	24	26
90			16	18	20	22	24	25	27
95				20	20	22	24	25	27
100				20	22	24	25	26	27
110				22	22	25	26	28	30
120				22	24	28	28	30	32
130					26	30	30	32	34
140					28	32	32	35	37
150					30	32	34	38	40
160						34	36	40	42
170						36	38	42	44
180						38	40	44	48
190							42	46	50
200							44	48	52
210							46	50	54
220								52	56
230								55	60
240								58	62
250								60	65
								62	68

表Ⅱ.3　刀具中心孔尺寸 （mm）

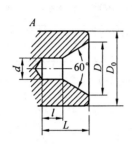 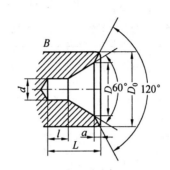

d	D (不大于)	L	l (不小于)	a ≈	选择中心孔参数的数据		
					轴的前部最小直径 D_0	轴的最大直径 D_1	工作的最大质量 kg
0.5	1	1	0.5	0.2	2	2 ~ 3.5	—
0.7	2	2	1	0.3	3.5	3.5 ~ 4	—
1	2.5	2.5	1.5	0.4	4	4 ~ 7	—
1.5	4	4	1.8	0.6	6.5	7 ~ 10	15
2	5	5	2.4	0.8	8	10 ~ 18	120
2.5	6	6	3	0.8	10	18 ~ 30	200
3	7.5	7.5	3.6	1	12	30 ~ 50	500
4	10	10	4.8	1.2	15	50 ~ 80	800
5	12.5	12.5	6	1.5	20	80 ~ 120	1 000
6	15	15	7.2	1.8	25	120 ~ 180	1 500
8	20	20	9.6	2	30	180 ~ 220	2 000
12	30	30	14	2.5	42	220 ~ 260	3 000

注：① 选用中心孔时,应优先采用国标 GB 145—59,如果 GB 145—59 不满足工具精度要求时,则可采用
　　　此表中的数据。
　　② 中心孔的粗糙度按其用途自行规定。

表 II.4 普通车床联系尺寸 (mm)

机床型号	顶尖距离 L	中心高 H	加工最大直径			刀具支持面至主轴中心线高度 M	刀架				尾架		
			在床面以上	在横刀架以上	在溜板以上		最大行程		小刀架	小刀架回转角	最大横向移动量	套筒移动量	莫氏锥度号数
							纵向	横向					
C615	750	155	320	150	—	16	700	190	85	±45°	±12	85	3
C616	500 750	160	320	175	—	20	500 850	195 210	100	±45°	±10	95	4
CM6132	750	160	320	160	175	20	750	280	100	±60°	±6	100	3
C618-1	750 650	180	360 380	200	240	23	650 600	180	95	±60° ±45°	±10	100	4
C618-2	750 650	180	360 380	200	240	23	650 600	180	95	±60° ±45°	±10	100	4
C618K	850	180	360	210	—	20	870	200	90	±45°	±10	120	3
C620	1 000 1 500	200	410	210	—	25	1 400	250 280	100	±45°	±15	150	4
C620-1	1 000 1 500	200	400	210	—	25	900 1 400	280	100	±45°	±15	150	4
CM6150	1 000	260	500	300	280	25	950	315	120	±45°	±10	180	5
C630	1 500 3 000	300	615	345	—	32.5	1 310 2 810	390	200	±60°	±15	205	5
C640	2 800	400	800	450	—	45	2 800	620	240	±90°	±15	300	5
C650	3 000	500	1 020	645	730	40	2 410	710	横 200 纵 500	±60°	±25	300	6

注:凡框中有两个数字,系不同厂生产同一型号产品的有关参数。

表 II.5 拉床的联系尺寸 (mm)

联系尺寸	机床名称					
	立式内拉床	立式单调板外拉床	立式双溜板外拉床	卧式内拉床	卧式内拉床	卧式内拉床
	机床型号					
	CS-303	L710	L5240	L610	L6120-1	L640
工作台面尺寸	300×600	450×450	600×600			
工作台最大行程		125	160			
工作台(或支承端板)孔径	120			150	200	260
花盘孔径				100	130	180
溜板工作面尺寸		400×1 500	500×1 900			
溜板最大行程		1 000	1 250			
溜板工作面至工作台端面的距离		153~167	193~270			
额定拉力/t	20	10	20	10	20	40

表Ⅱ.6　常用工件材料物理机械性能(1)(摘自 GB 699—65, Q/ZB60—73)

钢号	热处理类型	截面尺寸 mm	机械性能								硬度		特性及应用举例
			抗拉强度 σ_b		屈服强度 σ_s		延伸率 σ_s	收缩率 ψ	冲击韧性 a_k		HB	表面淬火 HRC	
			MPa	kgf·mm^{-2}	MPa	kgf·mm^{-2}	%	%	kJ·m^{-2}	kgf·m·mm^{-2}			
			≥										
20	正火	25	412	42	245	25	25	55			≤156	截面≤50mm 渗碳后 56~62, 心部 HB=137~163	用于不经受很大应力而要求很大韧性的机械零件,如杠杆、轴套、螺钉,起重钩等。也用于制造压力<60 MPa,温度<450℃的,在非腐蚀介质中使用的零件,如管子、导管等。还可用于表面硬度高而心部强度要求不大的渗碳与氰化零件
	正火 回火	≤100	392	40	216	22	24	53	539	5.5	103~156		
		>100~300	373	38	196	20	23	50	490	5			
		>300~500	263	37	186	19	22	45	490	5			
		>500~700	353	36	177	18	20	40	441	4.5			
35	正火	25	530	54	314	32	20	45	686	7	≤187	35~45	有好的塑性和适当的强度,用于制造曲轴、转轴、轴销、杠杆、连杆、横梁、星轮、圆盘、套筒、钩环、垫圈、螺钉、螺母。这种钢多在正火和调质状态下使用,一般不用于焊接
	≤ 正火 回火	≤100	511	52	270	27	18	43	343	3.5	149~187		
		>100~300	490	50	255	26	18	40	294	3	143~187		
		>300~500	471	48	235	24	17	37	294	2.5	143~187		
		>500~700	451	46	226	23	16	34	245	2.5	137~187		
		>750~1 000	433	44	216	22	15	28	245		137~187		
45	正火	25	598	61	353	36	16	40	490	5	≤241	40~50	用于要求强度较高、韧性中等的零件。通常在调质或正火状态使用。用于制造齿轮、齿条、链轮、轴、键、销、蒸汽透平机的叶轮、压缩机及泵的零件、轧辊等。可代替渗碳钢做齿轮、轴、活塞销等,但要经高频或火焰表面淬火
	≤ 正火 回火	≤100	588	60	294	30	15	38	294	3	170~217		
		>100~300	567	58	284	29	15	35	245	2.5	162~217		
		>300~500	549	56	276	28	14	32	245	2.5	162~217		
		>500~700	530	54	265	27	13	30	196	2	156~217		
50	正火	25	628	64	373	38	14	40	392	4	≤241		中碳、高强度优质钢,用于耐磨性要求高、动载荷及冲击作用不大的零件,如锻造齿轮、拉杆、轧辊、轴摩擦盘、次要弹簧、农机用的掘土犁铧、重负荷心轴与轴等。钢的焊接性不好
40 Cr	调质	25	981	100	785	80	9	45	588	6	241~286	48~55	用于承受交变负荷、中等速度、中等负荷、强烈磨损而无很大冲击的重要零件,如重要齿轮、轴、曲轴、连杆螺栓、螺母等零件;用于直径大于400 mm,要求低温冲击韧性的轴与齿轮等
		≤100	736	75	539	55	15	45	490	5	241~286		
		>100~300	686	70	490	50	14	45	392	4	229~269		
		>300~500	637	65	441	45	10	35	294	3	217~255		
		>500~800	588	60	343	35	8	30	196	2			
50 Cr	调质	≤100	834	85	539	55	10	40			255~286		高强度轴、齿轮等
		>100~300	785	80	490	50	10	40			241~286		

表Ⅱ.6　常用工件材料物理机械性能(2)

牌号	热处理状态	机械性能								硬度		特性及应用举例
		σ_b		σ_s		δ_s	ψ	a_k		HB	表面淬火 HRC	
		MPa	kgf·mm⁻²	MPa	kgf·mm⁻²	%		kJ·m⁻²	kgf·m·cm⁻²			
ZQSn 10-5	—	177	18			8				≥60		适于成形铸造和离心铸造
ZHAl 66-6-3-2		588	60			7				≥160		
ZL401		245	25			1.5				≥90		
ZG45	正火回火	569	58	314	32	12	20	294	3	≥153	40~50	各种形状的机件
HT15~33		275	28							170~241		适于各种铸件
HT20~40		30	196							170~241		

附录Ⅲ　刀具几何角度选择参考

硬质合金车刀前角、后角参考值

工 件 材 料		前角 γ_o /(°)	后角 α_o /(°)
结构钢、合金钢及铸钢	$\sigma_b \leqslant 800$ MPa	10 ~ 15	6 ~ 8
	$\sigma_b = 800 \sim 1\,000$ MPa	5 ~ 10	6 ~ 8
高强度钢及表面有夹杂的铸钢 $\sigma_b > 1\,000$ MPa		−5 ~ −10	6 ~ 8
不锈钢		15 ~ 30	8 ~ 10
耐热钢 $\sigma_b = 700 \sim 1\,000$ MPa		10 ~ 12	8 ~ 10
变形锻造高温合金		5 ~ 10	10 ~ 15
铸造高温合金		0 ~ 5	0 ~ 15
钛合金		5 ~ 15	10 ~ 15
淬火钢 40HRC 以上		−5 ~ −10	8 ~ 10
高锰钢		−5 ~ 5	8 ~ 12
铬锰钢		−2 ~ −5	8 ~ 10
灰铸铁、青铜、脆性黄钢		5 ~ 15	6 ~ 8
韧性黄铜		15 ~ 25	8 ~ 12
紫铜		25 ~ 35	8 ~ 12
铝合金		20 ~ 30	8 ~ 12
纯铁		25 ~ 35	8 ~ 10
纯钨铸锭		5 ~ 15	8 ~ 12
纯钨铸锭等		15 ~ 35	6

主偏角参考值

工 作 条 件	主偏角 κ_r /(°)
在系统刚度特别好的条件下,以小的切削深度(背吃刀量)进行精车。加工硬度很高的工件材料	10 ~ 30
在系统刚度较好($l/d < 6$)的条件下,加工盘套类工件	30 ~ 45
在系统刚度较好($l/d = 6 \sim 12$)的条件下,车削、刨削及镗孔	60 ~ 75
在毛坯上不留小凸柱的切断	80
(1)工件刚度差;(2)有台阶表面;(3)镗小孔;(4)加工小直径的长工件($l/d > 12$);(5)切断、切槽	90 ~ 93

副偏角参考值

工 作 条 件	副偏角 $\kappa_r'/(°)$
用宽刃车刀及具有修光刃的车刀、刨刀进行切削加工	0
切槽及切断	1 ~ 3
精车、精刨	5 ~ 10
粗车、粗刨	10 ~ 15
粗镗	15 ~ 20
有中间切入的切削	30 ~ 45

刃倾角参考值

工 作 条 件	副偏角 $\kappa_r'/(°)$
精车、精镗	0 ~ 5
$\kappa_r=90°$车刀的车削及镗孔,切断及切槽	0
钢料的粗车及粗镗	0 ~ -5
铸铁的粗车及粗镗	-10
带冲击的不连续车削、刨削	-10 ~ -15
带冲击加工淬硬钢	-30 ~ -45

附录Ⅳ　切削用量选择参考

硬质合金及高速钢车刀粗车外圆的进给量

结构钢、铸铁及铜合金类

加工材料	车刀刀杆尺寸 $B \times H$/ mm×mm	工件直径/ mm	切削深度(背吃刀量)a_p/mm				
			≤3	>3~5	>5~8	>8~12	>12
			进 给 量 f/(mm·r^{-1})				
碳素结构钢和合金结构钢	20×30	20	0.3~0.4	—	—	—	—
		40	0.4~0.5	0.3~0.4	—	—	—
		60	0.6~0.7	0.5~0.7	0.4~0.6	—	—
	25×25	100	0.8~1.0	0.7~0.9	0.5~0.7	0.4~0.7	—
		600	1.2~1.4	1.0~1.2	0.8~1.0	0.6~0.9	0.4~0.6
碳素结构钢和合金结构钢	20×40	60	0.6~0.9	0.5~0.8	0.4~0.7		
		100	0.8~1.2	0.7~1.1	0.6~0.9	0.5~0.8	
		1 000	1.2~1.5	1.1~1.5	0.9~1.2	0.8~1.0	0.7~0.8
	30×45	500	1.1~1.4	1.1~1.4	1.0~1.2	0.8~1.2	0.7~1.1
	40×60	2 500	1.3~2.0	1.3~1.8	1.2~1.6	1.1~1.5	1.0~1.5
铸铁及铜合金	20×30 25×25	40	0.4~0.5	—	—	—	—
		60	0.6~0.9	0.5~0.8	0.4~0.7	—	—
		100	0.9~1.3	0.8~1.2	0.7~1.0	0.5~0.8	—
		600	1.2~1.8	1.2~1.6	1.0~1.3	0.9~1.1	0.7~0.9
	25×40	60	0.6~0.8	0.5~0.8	0.4~0.7	—	—
		100	1.0~1.4	0.9~1.2	0.8~1.0	0.6~0.9	—
		1 000	1.5~2.0	1.2~1.8	1.0~1.4	1.0~1.2	0.8~1.0
	30×45	500	1.4~1.8	1.2~1.6	1.0~1.4	1.0~1.3	0.9~1.2
	40×60	2 500	1.6~2.4	1.6~2.0	1.4~1.8	1.3~1.7	1.2~1.7

硬质合金外圆车刀半精车的进给量

工件材料	表面粗糙度 Ra/μm	车削速度范围/(m·min^{-1})	刀尖圆弧半径 r_ε/mm		
			0.5	1.0	2.0
			进给量 f/(mm·r^{-1})		
铸铁、青铜、铝合金	6.3	不限	0.25~0.40	0.40~0.50	0.50~0.60
	3.2		0.15~0.25	0.25~0.40	0.40~0.60
	1.6		0.10~0.15	0.15~0.20	0.20~0.85
碳钢及合金钢	6.3	<50	0.30~0.50	0.45~0.60	0.55~0.70
		>50	0.40~0.55	0.55~0.65	0.65~0.70
	3.2	<50	0.18~0.25	0.25~0.30	0.3~0.40
		>50	0.25~0.30	0.30~0.35	0.35~0.50
	1.6	<50	0.10	0.11~0.15	0.15~0.22
		50~100	0.11~0.16	0.16~0.25	0.25~0.35
		>100	0.16~0.20	0.20~0.25	0.25~0.35